高等院校农林生物类规划教材

生物技术与工程导论

主 编
浙江万里学院生物科学系

ZHEJIANG UNIVERSITY PRESS
浙江大学出版社

内容简介

本书较全面地反映国内外现代生物技术与工程的基本原理和最新发展,内容丰富,新颖、文字流畅、可读性强。本书涉及微生物学、遗传学、分子生物学、细胞生物学、细胞工程、基因工程、酶工程、发酵工程、生化分离工程等内容,以及在农业、食品、医药、能源、环境保护等领域中的应用。全书共分 8 章,每章后附有知识目标、能力目标、知识拓展、参考文献、进一步阅读材料、复习思考题。通过本书,读者不仅可以了解新技术和新进展,且能够从中学到科学的思维方式,提高独立思考的能力。

本书可作为综合性大学,师范、农林、医药院校相关专业师生的参考用书,也可作为高等院校非生物类专业学生素质教育的教材。

图书在版编目(CIP)数据

生物技术与工程导论 / 浙江万里学院生物科学系主编. —杭州:浙江大学出版社,2010.8(2019.7 重印)
ISBN 978-7-308-07827-6

Ⅰ.①生… Ⅱ.①浙… Ⅲ.①生物技术－高等学校－教材 Ⅳ.①Q81

中国版本图书馆 CIP 数据核字(2010)第 139433 号

生物技术与工程导论

浙江万里学院生物科学系　主编

责任编辑	周卫群
封面设计	联合视务
出版发行	浙江大学出版社

（杭州市天目山路 148 号　邮政编码 310007）
（网址:http://www.zjupress.com）

排　版	杭州中大图文设计有限公司
印　刷	浙江新华数码印务有限公司
开　本	787mm×1092mm　1/16
印　张	8.5
字　数	207 千
版 印 次	2010 年 8 月第 1 版　2019 年 7 月第 2 次印刷
书　号	ISBN 978-7-308-07827-6
定　价	16.00 元

序

　　从某种意义上说,传统的生物技术可以上溯到古代的酿酒技术,它几乎与人类文明的发展史一样源远流长。无论是公元前的原始酿造技术还是 20 世纪中期的抗生素大规模工业化生产,无不向人们昭示着生物技术与人类生活息息相关的密切联系。20 世纪 70 年代,随着 DNA 重组技术等分子技术的出现和发展,传统的生物技术发生了革命性的变化,并迅速进入了崭新的现代生物技术时代。

　　《生物技术与工程导论》是一门全面介绍现代生物技术与生物工程的原理和应用的课程,编著《生物技术与工程导论》其主导思想是要让本书较全面地反映国内外现代生物技术与工程的基本原理和最新发展,多角度、全方位向学生介绍现代生物技术和生物工程的概念、原理、研究方法和应用实例,给刚刚步入生物技术与生物工程专业的大学生提供一个总体、宏观的概论,明确专业学习方向,培养专业学习的兴趣,为后续课程的学习打下基础。本教材包括微生物学、遗传学、分子生物学、细胞生物学、细胞工程、基因工程、酶工程、发酵工程、生化分离工程等基本内容以及相关知识在农业、食品、医药、能源、环境保护等领域中的应用,体现原理和实际相结合的原则,内容具有全、新特点。并着重注意了以下三点:一是从分子水平来讨论生物技术和生物工程各个领域所发生的革命性变化;二是由于现代生物技术和生物工程是在分子生物学、生物化学、微生物学、遗传学等学科的基础上发展起来的一个技术性很强的学科,这就决定了本书将侧重以专业基础课程内容为基础,联系当今生物技术前沿知识。希望读者通过阅读本书,能够学到一些解决问题的方法,而不仅仅是了解新技术和新进展;三是本书每章附有知识目标、能力目标、知识拓展、参考文献、进一步阅读材料、复习思考题。希望通过本书,读者不仅了解新技术和新进展,拓展知识面,并提高自主学习、独立思考的能力。而自主学习与独立判断的能力恰恰是一个从事现代生物技术与工程研究的人才所应具备的基本素质。

　　正是由于这些特点,本课程是针对生物技术与工程专业低年级开设的一门入门课,在讲授上注意理论和实际应用相结合的原则,注意增加教材没有的而正在被逐渐应用的生物技术与工程的内容。由于课时的原因,注重生物技术与工程在医学、农学、食品、环境等相关行业应用技术的介绍,拓展学生的思路。在课堂讲授时积极引导学生在方法上改进思考,培养学生理论和实际相结合的思维。

　　本教材由陈永富(绪论)、陈吉刚(微生物学概论)、王忠华(遗传学概论、分子生物学与基因工程导论)、王素芳(酶工程)、王志江(发酵工程)、贾永红(细胞工程技术及应用)、斯越秀(生物分离工程)等老师编写,由尹尚军老师统稿。教材编写过程中得到了浙江万里学院副校长钱国英教授、生物与环境学院副院长朱秋华教授的热忱关怀与帮助,对全书的结构与书稿的编撰给予了具体的指导,在此,表示由衷的感谢。

书中的一些资料与图谱参阅了相关教材、杂志,利用了一些网络资源,在此,不一一标明出处,对原作者表示衷心感谢。

本教材适合生物技术、生物工程专业使用,也可供其他相关专业师生参考。

本书作为生物技术与生物工程专业基础与教改教材,我们力求使之适应教学改革、培养学生自主学习能力的需要,但限于我们的学识和水平,一定还会存在许多不足之处,敬请各位老师与同学提出宝贵意见。谢谢!

编　者

2010 年 4 月

目　　录

第一章　绪　　论 ……………………………………………………… 1
　第一节　生物技术的产生和发展……………………………………… 1
　第二节　现代生物技术的主要内容…………………………………… 2
　第三节　现代生物技术的应用及前景………………………………… 4
　第四节　现代生物技术研究热点……………………………………… 7

第二章　微生物学概论 ………………………………………………… 16

第三章　遗传学概论 …………………………………………………… 28

第四章　分子生物学与基因工程导论 ………………………………… 46

第五章　酶工程 ………………………………………………………… 62
　第一节　概述 ………………………………………………………… 62
　第二节　酶的生产…………………………………………………… 66
　第三节　酶的改性…………………………………………………… 70
　第四节　酶的应用…………………………………………………… 76

第六章　发酵工程 ……………………………………………………… 88

第七章　细胞工程技术及应用 ………………………………………… 100
　第一节　细胞培养…………………………………………………… 100
　第二节　胚胎干细胞………………………………………………… 102
　第三节　细胞融合与细胞重组……………………………………… 105
　第四节　胚胎工程…………………………………………………… 109

第八章　生物分离工程 ………………………………………………… 111

参考文献 ………………………………………………………………… 127

目　录

第一章　绪论 ………………………………………………………………

　　第一节　………………………………………………………………

　　第二节　………………………………………………………………

　　第三节　………………………………………………………………

　　第四节　………………………………………………………………

第二章　育种生物学概论 …………………………………………………

第三章　遗传学概论 ………………………………………………………

第四章　分子遗传学基础和遗传工程导论 ………………………………

第五章　杂交育种 …………………………………………………………

　　第一节　………………………………………………………………

　　第二节　………………………………………………………………

　　第三节　………………………………………………………………

　　第四节　………………………………………………………………

第六章　诱变育种 …………………………………………………………

第七章　细胞工程技术及应用 ……………………………………………

　　第一节　………………………………………………………………

　　第二节　………………………………………………………………

　　第三节　………………………………………………………………

　　第四节　………………………………………………………………

第八章　生物物质工程 ……………………………………………………

参考文献 ……………………………………………………………………

第一章 绪 论

近些年来,以基因工程、细胞工程、酶工程、发酵工程、蛋白质工程为代表的现代生物技术发展迅猛,并日益影响和改变着人们的生产和生活方式。所谓生物技术(Biotechnology)是指"用活的生物体(或生物体的物质)来改进产品、改良植物和动物,或为特殊用途而培养微生物的技术"。生物工程(Bioengineering)则是指运用生物化学、分子生物学、微生物学、遗传学等原理与生化工程相结合,来改造或重新创造设计细胞的遗传物质、培育出新品种,以工业规模利用现有生物体系,以生物化学过程来制造工业产品。简言之,生物工程就是将活的生物体、生命体系或生命过程产业化的过程。生物工程包括基因工程、细胞工程、酶工程、发酵工程、生物电子工程、生物反应器、灭菌技术以及新兴的蛋白质工程等,其中,基因工程是现代生物工程的核心。

第一节 生物技术的产生和发展

生物技术的发展可以划分为三个不同的阶段:传统生物技术、近代生物技术、现代生物技术。传统生物技术的技术特征是酿造技术,近代生物技术的技术特征是微生物发酵技术,现代生物技术的技术特征就是以基因工程为首要标志。

一、传统生物技术

生物技术的应用和发展可以追溯到数千年以前,其历史几乎可以同人类的文明史并驾齐驱。在我国,早在商周时代人们就已利用曲子制酒、酱、醋和饴糖等;公元 10 世纪就有了预防天花的活疫苗;到了明代就已经广泛地种植痘苗以预防天花;16 世纪的医生已知道被疯狗咬伤后可感染和传播狂犬病。在国外,苏美尔人和巴比伦人在公元前 6000 年就已开始酿造啤酒;古埃及人在公元前 4000 年就开始制作面包;古希腊人则利用小牛胃液作为乳的凝固剂来制造乳酪。

二、近代生物技术

19 世纪后期,法国生物学家巴斯德创立了微生物学,由此带来了发酵业的大发展和医学的革命。此后,人们利用微生物大量生产需要的产品,发展起生物化学工业。1929 年发现了抗生素,并在第二次世界大战中得到大规模的生产和应用,挽救了千百万人的生命。二战后,微生物发酵被广泛用于生产氨基酸、蛋白质等物质,以及动植物细胞的培养。始于1916 年的固定化酶研究,为酶工程的大发展奠定了理论基础。60 年代末期,固定化酶技术得到完善,并被应用到半合成青霉素以及玉米淀粉生产果糖浆等工业生产中。如今,酶制剂已广泛应用在食品、医药、造纸、纺织、清洁等生产和生活领域。70 年代,细胞工程兴起,用于进行大规模动植物细胞培养、农业育种和药品生产,口蹄疫苗、狂犬病疫苗、脊髓灰质炎等病毒疫苗的批量生产,使人类征服了几千年来深受其害的顽症。近代生物技术存在的主要缺陷:①传统工艺技术对生物体自身或利用生物体转化的产量提高的幅度十分有限;②为了获得优质高产的生物物种,传统的诱变和筛选方法十分烦琐;③传统诱变育种只能改良生物体原有的遗传性质,并不能赋予其新的遗传特性。

三、现代生物技术

20 世纪下半叶,基于基因工程,现代生物技术取得了突破性进展。50 年代,DNA 双螺旋结构模型的发现及后来中心法则的提出、遗传密码破译奠定了基因工程的理论基础。以 20 世纪 70 年代 DNA 重组技术为开端,基因工程在近 20 多年中迅速发展,并于 1983 年发展出蛋白质工程。生物技术发展的关键技术是功能基因组学、蛋白质组学、生物芯片、组织工程、动植物生物反应器、基因工程药物与疫苗、基因诊断与治疗,以及动植物转基因技术、生物农药、生物肥料以及生物安全等。

现代生物学的飞速发展使人类对生命活动规律的认识发生了质的飞跃,操作层次上,超越了细胞层次,深入分子水平;遗传育种上,打破了远缘不能杂交的规定,转向定向设计、改造和创造新物种。同时,生物产业也应运而生,迅速发展,正逐步解决人类面临的人口、粮食、健康、环境等重大难题,有望成为全球新的经济增长点。

第二节 现代生物技术的主要内容

一、发酵工程

微生物是生物的一大组成部分。利用微生物及其内含酶系的生理特性,应用现代工程技术手段生产或加工人类所需的产品的技术体系,即为发酵工程,又称为微生物工程。发酵工程以传统发酵为核心,目前在整个生物产业中仍是最重要的组成部分。酒类、调味品、工业酒精、氨基酸类、核酸和核苷酸、抗菌素及激素等都可以利用发酵得到生产,利用微生物的生理机能进行细菌冶金、生物净化等同样属于发酵工程。筛选和培育能产生特定生物活性物质的优良菌种,研究微生物的生理代谢机理,提供微生物生产的最佳条件,则是发酵工程的关键环节。

传统发酵工程经过基因工程的改造和现代技术的武装,整个技术体系有了很大的不同。传统的工业菌株培育是利用自然界现有的菌种,而现在则可运用细胞融合技术和重组 DNA 技术,选育出人们所需要的类型。甚至连过去与发酵无关的产品,现在经活性转化也能通过发酵工程生产。这就使发酵工程的应用范围更加广泛,与人们的生活关系也更为密切。

二、酶工程

酶是一种具有特定生物催化功能的蛋白质。酶工程简单地说就是酶制剂在工业上的大规模生产及应用。它包括酶制剂的开发和生产、多酶反应器的研究和设计以及酶的分离提纯和应用的扩大。酶工程一般可分为两类:化学酶工程和生物酶工程。化学酶工程也称初级酶工程,通过对酶进行化学修饰、固定化处理,甚至化学合成等手段来改善酶的性质以提高催化效率及降低成本。这种酶制剂已广泛用于食品、制药、制革、酿造、纺织等工业领域。生物酶工程基于化学酶工程,是酶科学和以基因工程为主的现代分子生物技术相结合的产物,也称高级酶工程。它通过对酶基因的修饰改造或设计,产生自然界不曾有过的、性能稳定、催化效率更高的新酶。现代酶工程的关键技术是固定化酶技术。20 世纪 70 年代以来,又迅速发展起固定细胞技术。采用这种技术,不必将酶从细胞中提取出来,而是直接把整个细胞固定化,使之处于细胞内的自然状态,参与催化反应,省却了酶的提取和强化工艺,制备和使用也较方便,并且能够催化一系列的反应。

三、细胞工程

细胞是除病毒外的所有生物体的基本结构和功能单位。现代细胞工程就是应用细胞生物学和分子生物学的理论、方法和技术,以细胞为基本单位进行离体培养、繁殖,或人为地使细胞某些生物学特性按照人们的意愿发生改变,从而改良生物品种和创造新品种,或加速动植物个体的繁殖,或获得有用物质。它主要包括细胞融合、细胞培养、细胞器移植、染色体工程等。

细胞融合技术也就是体细胞杂交。它打破了有性杂交方法的局限,使远缘杂交成为可能。目前,经细胞融合而成的杂交植物(如蕃茄薯、苹果梨等)已较普遍,在动物方面也已实现了鼠—猴、鼠—兔、骡—鼠、兔—鸡、牛—水箱等多种类型的细胞融合。细胞培养技术是将离体的细胞在特定条件下加以快速繁殖。用于细胞植物培养,一次可以获得大量植株,且不受季节、气候等自然条件的限制,遗传稳定性好,因而特别适用于商业规模生产名贵植物、药物和引种的珍稀植物。而 1997 年轰动全球的体细胞克隆羊多莉,则是细胞器官移植的成功例子。

四、基因工程

基因是具有遗传效应的 DNA 片段,是遗传物质的功能单位和结构单位。基因工程就是在基因水平上对生物体进行操作,改变细胞遗传结构从而使细胞具有更强的某种性能或获得全新功能的技术。它实质上是生物体向遗传信息的转移技术。

DNA 重组技术是基因工程的核心,也是现代生物技术的核心。该技术采用分子生物学方法分离具有遗传信息的 DNA 片段,经过剪切、组合使之与适宜的载体连接,建成重组DNA,并将它转入到特定的宿主细胞或有机体内进行复制和传代,实现生物遗传特性的转移和改变。

五、蛋白质工程

蛋白质是组成生命体系的一类具有复杂结构和功能的生物大分子。定向地对蛋白质的结构进行人工设计和改造,获得一些具有优良特性的、甚至自然界本不存在的蛋白质分子,称为蛋白质工程。蛋白质工程其实是基因工程深化发展的产物。它综合分子生物学、计算机辅助设计等多种技术和方法,突破了基因工程只能生产天然存在的蛋白质的局限,可以设计和生产天然生物体内不存在的新型蛋白质;或通过蛋白质的分子设计来提出修改的方案,应用基因工程技术方法,使蛋白质功能得到优化。

第三节　现代生物技术的应用及前景

一、现代生物技术的应用

随着现代科学技术的迅速发展,生物技术已经成为人类认识和改造自然界,克服所面临的人口膨胀、粮食短缺、环境污染、疾病危害、能源匮乏、生态失衡以及生物多样性消失等一系列重大问题的可靠手段和工具之一。特别是生物技术在农业、医药卫生、环保、化工等领域的应用,将给这些领域带来革命性的变化,并对人类的未来产生不可估量的影响。

（一）现代生物技术是实现高效农业和可持续发展农业的重要手段

农业生物工程开始的时间是 1985 年,当时是一门非常新的技术。目前世界和国内工作做得比较多的是水稻、小麦、玉米;棉花和油料作物;蔬菜;水果;木材等五大类。农业生物工程进展很快。

第一,应用于植物抗病毒。如植物的病毒病引起的草莓品种退化问题、马铃薯的退化、小麦黄矮病等,可以用基因工程来解决,病毒有自己的遗传物质,病毒进入植物细胞后迅速繁殖,数量达到 10^5 时,植物细胞就死掉,然后病毒再向临近植物细胞扩散。生物工程在植物中做的就是把病毒的遗传编码重组到植物体内,植物便具有病毒的遗传物质。这时如果再用病毒感染这株植物时,病毒就会认为自己的伙伴已在植物里面,便不再对植物进行感染。这是与动物免疫形式的不同之处。根据病毒的这种特点,有的菜农就往西红柿上喷施一些弱病毒,以少量的损失换取大的收获。

第二,虫害问题。虫害是农业的大敌,历来的防治方法是使用农药,而农药又带来对农产品及环境的污染问题,现在使用了一种生物防治办法——苏云金杆菌喷施农作物。这种菌体内带有苏云金杆菌毒蛋白,害虫感染了这种菌后,由于虫体内没有分解这种毒蛋白的酶,而被毒死。目前,正在研究将细菌体内编码这种毒蛋白的遗传物质用基因工程的办法取出来,再组到植物里面去,植物体内便产生出细菌的毒蛋白,由于害虫消化不了这种植物的叶片,从而不吃这种叶片,达到保护植物的目的,而吃了几口这种叶片的虫子,不久便会死去。

第三,清除杂质。生物工程可以使植物产生抗除草剂的作用,这给农业带来很大好处,小麦、水稻、西红柿都可以成为抗除草剂转基因植物,既节省劳力,又提高产量。

第四,基因工程还可以提高水果的保鲜度,原理主要是破坏水果细胞壁纤维酶,这样可以保证猕猴桃、桃、西红柿成熟但不变软,极大地有利于运输。水果成熟时,产生乙烯,乙烯诱导很多基因表达,其中一点就是水果的细胞壁分解,导致水果变软。现在,通过基因工程,将导致细胞壁分解的基因破坏掉,使水果不产生乙烯,这样的西红柿成熟后,一直可挂在植株上 3 个月而不变软。这样大大方便了水果的运输,到市场后,加入一点乙烯,水果很快会变软。美国的基因水果已进入市场,如西红柿。但随之产生了一些社会问题。在美国,由于人们不知道转基因水果蔬菜是怎么回事,看到西红柿是硬的,就认为生物学家改变了西红柿的遗传物质。

（二）生物技术的发展给人类带来健康的福音

目前,生物技术在医药方面的应用占全部生物技术的 60% 以上,已形成产业化的新生物技术产品主要集中在医药上,包括新型疫苗、药物和诊断试剂的研制以及基因治疗等。基因诊治使癌症、艾滋病、肝炎等重大疑难疾病的治疗产生重大突破。有选择地引进入体原来缺少的基因或像换零件一样调换不正常的基因,使根治遗传病成为可能。应词 DNA 重组法,可利用细菌廉价生产出人体分泌的重要物质。利用基因工程菌,可生产出胰岛素基因、激素基因和干扰素等珍贵药品。现代生物技术在医药、医学领域已显示出其巨大潜力。生物技术在医药卫生领域的应用主要有以下三个方面:

一是解决了过去用常规方法不能生产或者生产成本特别昂贵的药品的生产技术问题,开发出了一大批新的特效药物,如胰岛素、干扰素(IFN)、白细胞介素-2(IL-2)、组织血纤维蛋白溶酶原激活因子(TPA)、肿瘤坏死因子(TNF)、集落刺激因子(CSF)、人生长激素(HGH)、表皮生长因子(EGF)等,这些药品可以分别用于防治诸如肿瘤、心脑肺血管、遗传性、免疫性、内分泌等严重威胁人类健康的疑难病症,而且在避免毒副作用方面明显优于传统药品。

二是研制出了一些灵敏度高、性能专一、实用性强的临床诊断新设备,如体外诊断试剂、免疫诊断试剂盒等,并找到了某些疑难病症的发病原理和医治的崭新方法。我国的单克隆抗体诊断试剂市场前景良好。

三是基因工程疫苗、菌苗的研制成功直至大规模生产为人类抵制传染病的侵袭,确保整个群体的优生优育展示了美好的前景。我国开发重点是乙肝基因疫苗。

现代生物技术以再生的生物资源为原料生产生物药品,从而可获得过去难以得到的足够数量用于临床的研究与治疗。如 1 克胰岛素(h-Insulin)要从 7.5 千克新鲜猪或牛胰脏组织中提取得到,而目前世界上糖尿病患者有 6000 万人,每人每年约需 1 克胰岛素,这样总计需从 4.5 亿千克新鲜胰脏中提取。这实际上办不到的,而生物技术则很容易解决这一难题,利用基因工程的"工程菌"生产 1 克胰岛素,只需 20 升发酵液,它的价值是不能用金钱来计算的。

(三)进行生物治理是环境保护的根本出路

目前,环境污染、能源短缺、生态失衡和物种消失已成为严重的全球问题,生物技术则为解决这方面的问题提供了一个大有希望的出路。采用基因技术,育成抗病、虫农作物将大大减少农药的使用;育成固氮农作物,大大节省化肥,从而减少对环境的污染。通过基因改造,可培养特种细菌,用于吞食工业废料,处理一些用化学方法难以分解的垃圾和塑料。微生物发电将是未来极具前景的能源项目。此外,克隆技术的发展,为保存和快速繁殖已濒于灭绝的动植物提供了可能。现代生物技术建立了一类新的快速准确监测与评价环境的有效方法,主要包括利用新的指示生物、利用核酸探针和利用生物传感器。

人们分别用细菌、原生动物、藻类、高等植物和鱼类等作为指示生物,监测它们对环境的反应,便能对环境质量作出评价。

核酸探针技术的出现也为环境监测和评价提供了一条有效途径。例如,用杆菌的核酸探针监测水环境中的大肠杆菌。

近年来,生物传感器在环境监测中的应用发展很快。生物传感器是以微生物、细胞、酶、抗体等具有生物活性的物质作为污染物的识别元件,具有成本低、易制作、使用方便、测定快速等优点。

现代生物治理采用纯培养的微生物菌株来降解污染物。例如科学家利用基因工程技术,将一种昆虫的耐DDT基因转移到细菌体内,培育一种专门"吃"DDT的细菌,放到土壤中,土壤中的DDT就会被"吃"得一干二净。

(四)现代生物技术的渗透将使传统工业大大改观

随着生物产业的兴起,一些传统产业如化工、食品等同时面临着危机和机遇。比如利用动物乳房生物反应器,可代替传统的利用微生物发酵生产酶制剂的庞大工厂;把人体的产奶蛋白基因转移到奶牛中就可以生产出含有人奶成分的牛奶。应用蛋白质工程可大量生产一些人体所需而又不易得到的优质蛋白质,利用一些微生物嗜好某种金属的特性可进行生物选矿、开矿、富集稀有金属、石油钻探等。

二、生物技术发展的趋向和前景

21世纪将是生物学的世纪。展望未来,生物技术给人们昭示了美好的前景,但也让人不无忧虑。概括起来,它有以下发展趋向:

1.基因操作技术日新月异,不断完善,并将通过商业渠道,大力推广。目前,基因转移技术、基因扩增技术、基因克隆技术、基因修饰技术等正日渐成熟,并形成专项技术和全套试剂的买卖市场,进一步推广到基层。

2.生物治疗将突飞猛进。基因工程药物将成为竞相开发的领域,应用将日趋普及。基因治疗方法有望治愈现在一些人们对之束手无策的重大疾变和遗传病,人类的平均寿命将因之大大延长。

3.转基因植物和动物将有重大突破。转基因生物的种类和外源基因生物将进一步扩大,一些已经获得成功的转基因生物将逐渐进入实用化阶段并投放市场;采用新生物技术改造整个农业,估计到下个世纪上半叶之前就能全面展开,它将给人类的生活带来巨大的改变。

4.阐明生物体基因组及其编码蛋白质的结构和功能是当今生命科学发展的一个主流方向。2000年6月26日,参加人类基因组工程项目的美国、英国、法兰西共和国、德意志联邦共和国、日本和中国等六国科学家共同宣布,人类基因组草图的绘制工作已经完成。最终完成图要求测序所用的克隆能忠实地代表常染色体的基因组结构,序列错误率低于万分之一。95％常染色质区域被测序,每个Gap小于150kb。完成图于2003年完成,比预计提前两年。基因诊断、基因治疗和基于基因组知识的治疗、基于基因组信息的疾病预防、疾病易感基因的识别、风险人群生活方式、环境因子的干预。这对于揭开人类许多疾病的奥秘、开发新的有效的治疗手段和药物无疑提供了美好的前景。

5.生物技术与其他科学技术的相互交叉融合,将带来科学技术水平和社会生活的全面改观。比如生物材料和生物能源的开发将成为研究的热点,目前就已有科学家在研究"生物芯片",以代替硅芯片,以便造出性能更为优越的、智能的新一代计算机。基因工程和医药学的结合,将革新医药学和整个医疗卫生领域。基因技术还有可能改变自然界优胜劣汰、自然选择的规律以及长期、缓慢的进化趋向,使人工干预生命、干预进化进程成为现实。它已经创造了许多人类为之瞠目的奇迹,还将创造更大的奇迹,甚至连人类自身也面临着基因改造成为新人类的可能。

但是,必须看到,生物技术的发展也可能会带来人们目前还无法预料的不良后果,如转基因食品对人体是否有不良影响;转基因作物在种植过程中DNA是否会转至其他作物或杂草,从而引起环境及生态问题;克隆技术和转基因技术是否会被误用,制造出对人类生存造成危险的物种,等等。这就要求人们在保持乐观的同时,保持一种清醒、审慎、理性的态度,采取严密的技术防范措施和立法,防患于未然。

第四节　现代生物技术研究热点

一、农业生物技术产业发展的研究热点

(一)动物基因标记诊断技术

目前,我国人均肉占有量不足中等发达国家人均肉占有量的一半,奶的人均占有量更低,为了从根本上尽快解决我国人民长期"动物蛋白"摄入量不足的问题,必须采用新的畜禽育种技术。近年来发展起来的动物基因标记诊断技术在畜禽育种中发挥了重要作用,利用该技术可以判别畜禽品种基因的优劣和变异程度,将动物基因诊断技术与胚胎分割、胚胎移植、体外受精等动物胚胎生物技术结合,可以将不同的优良基因集合于同一品种中,利用动物胚胎工程技术可以达到增强动物的繁殖力,提高其生产力,改善其产品品质,加速畜禽优良品种的选育进程,加快畜禽品种更新换代的目的,从而有效提高动物胚胎的商业价值。

(二)饲料添加剂的研究

为了满足动物生长发育对营养成分和生化平衡性物质的需求,需要在饲料中添加很少量的附加物质,即饲料添加剂,以达到平衡饲料营养、提高饲料利用率、防止饲料质量下降、促进动物生长、预防动物疾病、增强动物食欲等目的。因此,饲料添加剂的研究和开发是饲料业发展的关键。我国饲料添加剂品种、数量匮乏,严重制约着饲料业的发展。目前,在我国批准使用的饲料添加剂中有 1/3 仍需进口,因此,急需研究开发新型高效饲料添加剂新品种,特别值得重视的是我国独具特色的中草药饲料添加剂的研究与开发。

在饲料添加剂的使用过程中,某些生长激素如固醇类激素、性激素等会在动物体内形成残留。此外,抗生素的大量使用会使动物产生抗药性。近年来,随着生物技术在饲料添加剂生产上的应用,人们发现生物技术为解决上述的残留问题提供了有力手段,如应用基因工程方法制取的生长激素可以达到在动物体内无残留的要求,同时可以提高奶牛的产奶量,降低饲料的消耗。中草药饲料添加剂为天然物质并具多功能性,经过长期使用,证明这些物质是有益无害的。

另外值得一提的是双歧因子,它是一个新兴的极具潜力的添加剂。双歧因子可作为一种新的免疫活性剂,具有增强动物免疫力的功能。双歧因子作为饲料添加剂使用,能够增强动物的抗病能力,提高日增重,提高饲料转化率,同时降低动物粪便中有毒有害物质的含量,从而改善环境质量。

饲料添加剂是饲料的"核心"部分,一般它只占饲料总量的 10% 以下(有的只占 1%～5%),但却占了饲料成本的 30% 以上。因此,无毒、无污染、无残留的高效新型生物技术产品或天然添加剂必将得到迅速发展。

(三)可再生资源的转化利用

可再生资源是指生物量(生物生长发育产生的物质总量)经首次或再次利用后所产生的副产品或废物。随着人口的增长、经济的发展,各类废弃物的量猛增,由此造成的环境问题

越来越严重。利用生物技术转化各类废弃物,如生活垃圾、农作物秸秆、畜禽粪便等,可从中获取饲料、肥料、乙醇、沼气、单细胞蛋白、饲料添加剂、可降解塑料等有用的物质。例如:采用生物工程技术,利用农林牧废弃物生产的单细胞蛋白(指通过培养单细胞生物而获得的蛋白质成分),可以作为粮食和饲料的重要蛋白质补充来源(一般单细胞生物的蛋白质含量都高于禾谷类,达到 $40\% \sim 80\%$)。此外,单细胞蛋白可以作为食品添加剂或饲料添加剂使用。再生资源的转化利用实现了人们变废为宝、保护环境的愿望,对节约资源、治理污染、保护生态环境、保障人类健康、实施可持续发展战略有非常重要的意义,因而必将成为 21 世纪的新兴产业和环保产业的主流。

(四)绿色天然的功能食品

随着经济的发展和社会的进步,人们的消费观念发生了很大的变化,对食品的品质产生了独特的要求,膳食结构开始朝着绿色、天然、营养、保健、多功能的方向发展。功能食品正是顺应了这种需求而悄然兴起的。功能食品是指某些能在体内发挥特殊功能的食品,如富含多元不饱和脂肪酸、天然抗氧化剂、低胆固醇含量的各类食品。研究表明,它们具有促进健康、预防疾病、延缓衰老、减少对药物的依赖等功能。应用生物技术对动植物、微生物的生理代谢过程进行修饰、改造、调节与控制,从中可以开发出具有医疗保健作用的产品。如,延缓衰老的维生素(富含维生素 E 的牛肉)及微量元素(如富硒鸡蛋);有益于健康的植物油(如低芥酸、低硫甙含量的菜籽油,富含维生素 E 的玉米油);可以降低对胆固醇吸收的植物奶油;富含优质蛋白的水产食品等。随着人们物质生活水平的不断提高,人们自然不再满足于"有啥吃啥"的温饱型生活方式,为了有效改善生活质量、提高健康水平,对功能食品的需求量会越来越大,因此功能食品成为食品工业的开发热点是必然趋势,其发展前景极其广阔。

(五)新绿色革命与现代农业发展

新绿色革命的实质就是通过现代生物技术——转基因技术培育出高产优质高效和抗逆性强的作物以生产足够粮食,保障人类的生存与发展。这类新型作物及其产品具有优良特性,不仅高产,而且具有抗病虫害及其他抗逆能力和强生存力;更为重要的是营养价值高,有益于人体健康。

利用现代生物技术建构和繁育的转基因作物是解决粮食问题的有效途径之一。我国湖南农科院选育的早籼稻蛋白质含量达 12%,糙米率高达 80%;培育的"超级杂交晚稻新组合",产量可达 650 千克/亩。可喜的是,袁隆平等一批育种专家建成的超级杂交稻新组合"培矮 64S/Ⅱ32"连续两年试种,亩产均达到 800 千克以上,并创造了亩产 1140.85 千克的世界纪录。为了提高稻米质量,日本京都大学研究者将大豆的基因植入水稻,使这种"工程水稻"能产生大豆蛋白,与通常水稻中的谷蛋白相似,不过后者的赖氨酸含量少,而"工程水稻"生产的蛋白质所含赖氨酸较为丰富;这种蛋白质有很高的营养价值和保健功能。目前,品种改良在农业科技进步中的比重约占 30%,基因工程育种在农业新技术革命中占有重要地位,必将引发一场农业革命。全世界已有 30 多个国家开展转基因技术研究,有 35 种植物获得转基因植株,有 51 种农作物基因工程品种投入商业化生产,其中包括几乎所有与人类密切相关的作物,如玉米、大豆、水稻、马铃薯、油菜、棉花、西红柿,等等。在美国,转基因粮经作物已进入大田生产,1999 年在玉米、大豆、棉花地里有 1/2 是转基因植物,它们之中有抗除草剂玉米、抗虫棉、彩色棉以及具保健功能的"工程玉米和大豆"等。含有血红蛋白(hemoglobin)、异黄酮类物质或抗癌物质的转基因西红柿和香蕉等,不仅平时食用有益于保健,而且有可能作为"食用疫苗"用来治病。目前,几乎任何食品都会或多或少地含有一点"工程生物"的成分。转基因作物的发展有可能使人类在吃饭、穿衣、医疗等方面发生巨大变化。

在我国,通过现代生物技术培育出一大批抗虫玉米、抗虫水稻、抗病水稻、抗虫棉、抗病毒病烟草等转基因粮经作物,其中有些已推广、进入大田或田间试验。目前,在吉林省建立的"国家转基因植物及产业化基地",将有利于我国转基因粮经作物的产业化发展进程。发展转基因作物,必须注意以下几点:(1)转基因粮经作物本身的安全性不可忽视;(2)现代生物技术育种与传统常规育种技术应有机结合;(3)发展转基因作物及其产业化与维持农业生态平衡有机结合起来,以显示转基因作物的独特优势和强大生命力;(4)转基因作物及其食品对人与有益动物的安全性是保障新绿色革命持续健康发展的关键所在;(5)限制或改造转基因技术不利的方面,使之更好地服务于人类社会。

二、生物医学的研究热点

(一)生物芯片及其商业化趋势

生物芯片(biochip)将是解开生命奥秘,协助人们解开基因之谜、彻底改革当前医疗方式的有效手段,其用途极其广泛。这项技术将成为生命科学和医学领域最有力的分子检测工具。

生物芯片的工作过程与半导体芯片类似,只不过上面所载的不是晶体管,而是数以万计的极微小的化学反应器,它每秒能够进行数万次的生化反应。它利用微点阵技术将成千上万的生物信息密码集中到一小片固相基质上,从而使一些传统的生物学分析手段能够在尽量小的空间范围内,以尽量快的速度完成。生物芯片技术可将人类基因编码破译工作加快千倍以上。

生物芯片的初级形式基因芯片的研究开发异常活跃,它是电子学与生命科学相结合的产物。基因芯片由若干基因探针构成,每个基因探针包含着由若干个核苷酸对组成的DNA片段。在指甲盖大小的基因芯片上,排列着许多已知碱基顺序的DNA片段,根据碱基配对原则捕捉相应的DNA,从而进行基因识别。

基因芯片的制作是一项十分复杂的技术,要在小小的玻璃芯片上加工数十万个子槽,然后在每个孔上精确地放上特定的DNA片段,使它们不发生任何混淆。更重要的是,要制作基因芯片,首先要分离出数十万种不同的DNA片段,了解它们各自的功能特点,这就要借助于最新的基因研究。美国加州Affymetrix公司首次在市场上推出了商业化的基因芯片和芯片阅读器,诱发了一场新的技术革命。目前,美国有6~7家公司开发出20多种基因芯片,带有数10万个基因探针的基因芯片已经面世。法国利用美国Affymetrix公司的基因芯片检测公共饮用水的微生物。法国的一家公司(BioMerieuxLyonnaisedesEaus)开发出一种特异的DNA芯片,能同时提供多种检测反应,在一个芯片上不仅可以进行水控制的标准分析,还可以对其他微生物进行检测。此系统检测微生物的遗传指纹,精确可靠,可检测水中低浓度的微生物,还能准确鉴定多种水污染物,4小时即可提出结果,费用比常规试验法便宜10倍。此基因芯片系统还可应用于临床,对包括结核杆菌在内的重要分枝杆菌进行基因型分析,并确定分枝杆菌对药物的抗性。

目前我国的基因芯片研究取得的重要进展有:(1)上海博道基因技术有限公司研制出以

玻璃片为载体,以双荧光检测为特征的基因芯片;制备了有 8000 个点、含 4000 种新基因表达谱研究芯片,并用这种芯片成功地筛选到 400 多种与人体生长发育和肿瘤相关的新基因;制备了可用于丙型肝炎临床诊断的丙型肝炎基因芯片。该公司生产的基因芯片在 6 平方厘米内最大点样密度已达 3 万点,可以用非常微量的样品作探针,每点只要 0.1 纳克 DNA 样品。(2)陕西一家科技股份公司与上海复旦大学合作研制的 DNA 基因芯片已通过有关专家论证。(3)南京东南大学陆祖宏科研小组在研制基因芯片方面已取得突破,可望在 1～2 年内实现商品化。由此也看出,我国基因芯片的研制已进入国际先行行列。

(二)基因组、后基因组和基因治疗研究取得重要进展

基因组(genome)和后基因组(postgenome)的研究在生命科学中占有极重要的地位。就人类的传染病而言,大约 75% 的疾病是由病毒引发的,要攻克病毒致病的分子机制,必然要揭示它们的基因组序列及其功能。目前国际上已完成了 572 株病毒基因组全序列测定,其中与人类相关的病毒有 76 种(至 1998 年 4 月份)。我国先后完成了痘病毒、虫媒病毒、禽腺病毒及甲、乙、丙、丁、戊、庚肝炎病毒等 10 余种病毒基因组的序列分析;还完成了非甲非庚病毒(TTV)的全基因克隆和测序。这些研究对病毒疾病的病原发生机制及防治具有重要指导作用;而致病细菌全基因组序列研究在我国还未实现零的突破。国际上已完成对某些细菌、酵母等单细胞生物的基因组测序工作;1998 年外国科学家破译一种微小线虫(cae-norhabditiselegans)全部基因程序密码,首次完全破译多细胞生物的全部基因图谱(包括 19099 个基因),其中 40% 的基因与人类的基因密切相关,对解开人类基因图谱有重要价值。由于英美等国家加快工作步伐,破译人类生命密码工作大大加快,已于 2003 年 4 月 14 日宣布人类基因组序列图绘制成功。

在人类基因组测序、基因定位完成之后,后基因组的研究与开发便提上日程,大力发展基因组学、基因信息学及其应用是必然趋势。人工合成所需要的基因,控制、利用基因组的各个基因将占据十分重要的地位。为此,后基因组学研究显得格外重要,其意义也更深远。弄清楚基因组的基因部位、基因缺陷以及某些不正常基因的表达,合成机能障碍蛋白质,可为基因治疗找到更为可靠的科学依据。尽管基因疗法尚处于探索阶段,临床应用还未取得理想的结果,但基因疗法及转基因技术的研究很活跃。

在我国,对遗传病、癌症的基因治疗研究取得重要进展。复旦大学较早用基因疗法治疗血友病取得成功;上海肿瘤研究所顾健人研究小组建立了高效系列基因转移系统,将"治病"的外源基因导入人体治疗癌症,取得重要突破,如将基因导入肝癌、肺癌、胃癌、宫颈癌、卵巢癌、肠癌、乳腺癌等肿瘤,取得较好的疗效,其中对肝癌细胞生长的抑制率达 77%,此项基因技术有广泛的应用前景。用于治疗人恶性脑胶质瘤的"胸苷激酶基因工程化细胞"制剂已进入第二期临床试验。这种外源"治病基因"植入人体细胞后,直接杀伤肿瘤细胞,而对正常细胞毫无损害。我国在病毒型和非病毒型异向载体方面也取得了世界级的创新性成果。

在转基因或基因导入方面有两点值得注意:一是尽管人体机体本身有自我修复基因缺陷的能力,但并非都能如此,需对修复的机制作进一步研究;二是加入"外源基因"使缺陷基因或突变基因得到一定修复或完全修复,使其恢复正常功能,真正做到"对号"修复或控制突变并非易事,需强化其内部分子生态学的研究,这方面的研究成果一旦得到实际利用,必将为全人类做出巨大贡献。

（三）器官移植将成为新世纪临床医学的重要研究课题

器官移植是现代医学的重要领域之一，人们把此项技术称为组织工程。但是目前供移植用的组织器官非常短缺，而全世界需要做器官移植的患者正在以每年 15％的速度增加。为了解决移植器官源严重不足的问题，基因改性猪有望为人类提供移植所需的器官。我国台湾科学工作者重视器官移植的研究，认为异种器官移植将是 21 世纪器官移植的主流，猪的器官移植到人体上最为顺利，猪心很可能成为第一个异种器官移植成功的例子。另据报道，美国科学家通过基因工程技术向基因中加入某种物质而获得改性器官，将其移入受体患者的骨髓，解决异体排斥反应的问题，在小鼠试验中获得成功（注：人体免疫系统的抗体在骨髓中生成，此项技术使骨髓产生的抗体与外来物质融合为一体，避免排斥反应）。在实施向人体移植异源器官之前，必须严格防止异种器官组织材料含有原发性(土著性)或"溶原性"病原体，尽管它们在原宿主中表现不出任何危害，或者已成为原宿主组织中的一个成分，但移植到新的宿主(如人体)身上之后可能会带来不安全因素。另据报道，猪组织内的病毒似乎不感染人类，若结果真是如此肯定的话，那么这就为猪组织器官移植排除了最大障碍。

总之，适用于人体器官移植的材料是未来临床医学的急需，高新技术的应用将为培育适于器官移植的克隆猪铺平道路，重要的技术突破可能来自克隆与组织工程的研究。尽管如此，人们对其内源性病原总会不放心，究竟有害与否尚需科学试验加以判定。然而，器官移植的成功率及其安全性和排异问题等仍需加强研究。当然，随着转基因技术和克隆技术的成熟，不仅有可能解决安全性和异源组织排异反应的问题，而且将为防止新病原带入移植器官或组织作出更大贡献。

（四）超级抗药性病原及其代谢活动后效应之危害与防治

近些年来，致病菌的抗药性延续或赖药性发生是临床医学最为棘手的难题，人类同各种不同形式的致病原特别是抗药性病原菌将进行长期的斗争。在英国，一家实验室研究人员发现一种绿脓假单胞菌(pseudomonasaeruginosa)对目前已有的全部抗生素产生抗药性，这是一种少见的现象。这种多抗药性病原菌可使那些免疫功能低弱者丧生。这类病原菌还可使人患上多种疾病，可致使囊性纤维变性(或胰纤维性囊肿瘤)患者肺部感染，使白血病患者出现败血症。一旦此病原菌产生抗药性及强适应性，哪怕是最有效的抗生素如 carbapene 也将无济于事。另外，一种病原菌沙门氏菌是一种肠胃菌，能对多种抗生素如青霉素、氯霉素、链霉素、四环素、磺胺类药物等产生抗药性，它的形成与菌体 R 因子或跳跃因子以及致命毒素的产生有密切关系。特别是当抗药性致病菌侵染宿主后大量繁衍，形成"生物膜"(菌群体)，而上述这些因子或毒素通过菌体繁衍，彼此交流信息，相互传播，形成强力抗药性或强毒力的"生物武器"，即使使用高效抗生素来对付这类病菌也很难奏效。国外一些大学的研究人员认为，只有有效控制致病菌抗药性基因及其扩散(传播)，才有可能从根本上阻止抗药性菌形成抗药性群体，从而降低其毒性。

此外，美国科学家还发现艾滋病病毒(HIV)这类病毒性病原对目前市场上销售的一种或多种药物产生抗药性，这给药物治疗艾滋病(AIDS)带来了一些麻烦。寻找"抗艾滋病有效疫苗"的研发工作正在积极地进行着；对细胞形态或非细胞形态的致病原包括其抗药性病菌的防治研究已取得一定的进展。我国华南农业大学等开发的抗菌肽产品(源于柞蚕蛹的溶菌酶)具有广谱杀菌作用，并能抑制"乙肝病毒"的复制，特别是对那些耐药性细菌有较强杀灭作用，还可选择性杀伤肿瘤细胞。此抗菌肽药物的奇特之处在于它不仅能防治人体病原(包括抗药性病原),而且能用于防治柑橘类水果的黄龙病。另一方面还必须看到,病原侵入机体后在引发自身免疫系统疾病的同时,还能激发人体产生一种蛋白质,即使病原被消灭很长时间之后,这种蛋白质仍然能不断地引发免疫系统发生疾病,如细菌引起的莱姆关节炎等。因此,有的疾病难以根治,不仅涉及抗药性问题,还同该病原所具有的代谢活动后效应有关,应引起高度重视。

(五)细胞克隆技术有较大发展

继"多莉"绵羊克隆成功之后(具产仔能力),美国、英国、日本、意大利等国研究人员以不同高等动物(如羊、牛、鼠等)的体细胞借代孕母体克隆成个体,并繁衍后代。在亚洲,日本用成年体细胞克隆了 8 头牛,成功率很高。韩国首尔大学培育出克隆奶牛(供体母牛取出卵细胞去除细胞核,用体细胞核取代卵细胞核,尔后再植入代孕母牛体内)。我国利用转基因山羊胎儿体细胞成功地克隆了山羊,其成功率是克隆羊多莉的 10~20 倍,预计不久用成年羊体细胞克隆山羊将取得成功。美籍华人科学工作者杨向中用高龄牛耳细胞克隆奶牛取得成功。意大利克雷莫纳繁殖技术试验室研究者用离心方法分离公牛的淋巴细胞,尔后取出母牛卵子,去除 DNA,再用微型注射技术将淋巴细胞注射到母牛的卵子中,融合分裂 8 天后,融合细胞分裂成 100 个,并形成胚胎,将胚胎植入母牛子宫,最后出生一头公牛犊。

上述这些成功的实验证明,成熟的高等动物体细胞通过"假母"克隆成个体的技术是可行的,已在多种高等动物中得到应用,应该说取得的研究成果有很高的学术价值和重大的经济意义,如克隆羊可生产名贵医药产品或从转基因乳牛的乳汁中制取药物。

为了医疗目的,一些公司利用克隆技术将人体皮肤细胞移植到未受精的牛卵细胞中,培育出能够发育成人体所有细胞的"万能细胞"和胚胎干细胞,在成长发育过程中逐渐分化成人体内各种器官的细胞。美国加州大学开始复制人类胚胎,以用于干细胞研究工作。事实上,英国、韩国等国也在进行实验,对人的未受精的卵细胞核加以置换,以培育出人的胚胎。

尽管以克隆羊"多莉"为代表的成年体细胞克隆并繁衍后代取得巨大成功,但又出现了新的问题,如克隆羊"多莉"的细胞染色体端粒长度比同龄普通绵羊要短,这表明"多莉"会比普通绵羊更快地走向衰老和死亡,对另两头克隆羊(与普通绵羊比较)的实验也获得类似结果。端粒是染色体末端,其长度一般随细胞分裂而逐渐缩短。因此,从"多莉"细胞染色体端粒变短这一研究结果可以看出,哺乳动物细胞克隆技术有潜在的局限性,需进一步研究。染色体端粒随细胞分裂而缩短在哺乳动物中是否具有普遍性,如何防止其缩短以及它与端粒酶的关系等,都是需进一步探究的重大课题。

(六)新世纪老年生命科学必将加大研究力度

随着人们生活质量的提高,当今世界正在向老龄化社会发展。然而,种种老年疾病的发生和器官功能的逐渐衰退严重影响老年人的健康长寿。这不仅涉及老年生命科学与生物医疗问题,也是一个重大的社会问题。

长寿在低等生物界也是存在的,研究人员在研究蠕虫、果蝇时发现,其生命的延长受一种"长寿基因"的控制,而人类寿命的延续要复杂得多,恐怕不单是基因控制问题,还涉及许多其他因素。

人的衰老同细胞衰老、细胞染色体端粒逐渐缩短(即端粒区 DNA 序列缩短)有关系,由此可能找到人类个体衰老的根源所在。同样,记忆力衰退在老年人群中带有普遍性。美国研究人员从研究果蝇开始,发现果蝇体内有一种叫 CREB 的基因,将其片段附着在神经元

DNA链上,能使数十种其他基因保持畅通状态,使之建立长期记忆,这一点可从放飞果蝇的行为得到证实。此外,果蝇的嗅觉与人类影像记忆相似,因此有可能开发出一种治疗人类记忆力衰退的药物。

另外,葡萄酒中含的白藜芦醇(resveratrol)能使人体中一种叫马普激酶(mapkinas)的蛋白质激活,并使其效力增强近7倍。它能刺激神经细胞再生,对早老性痴呆患者恢复记忆力有帮助。意大利米兰大学研究者发现,每天饮一杯或半杯葡萄酒有助于预防帕金森氏病和早老性痴呆等脑疾病。美国科学家用基因技术培育的脑细胞,移植于大脑中能够存活并发挥组织功能,为脑疾病患者(包括老年人)带来希望。

三、发展环保产业是世界潮流

保护地球生态环境是人类生存发展之必需。人类自身的活动使环境污染日趋恶化,"三废"遍布全球每一个角落,那么如何"变废为宝"呢?这是摆在人类面前的一个最现实的重要研究课题,关键在于充分发挥现代生物技术的优势,一方面有效处理一切有机废弃物,使之朝有益方向转化,实现环保产业化;另一方面,大力发展无污染的日常生活必需品,如开发可生物降解产品(生物塑料)。发展环保生物产业需要注意以下三个方面:

1.无机污染物的生物治理。无机污染源非常广泛。在美国,利用一种绿藻(Chlorell-sp.)的特定功能消耗无机污染物很有成效,对磷酸盐的除去率达92%,硝酸盐的除去率达97%;同时可收获藻体生物量,其蛋白质含量达55%~60%,藻体生物量既可用作饲料,亦可从中开发其他产品。

2.有机污染物的生物治理。这类污染物广泛散布于自然界,可以通过微生物发酵途径得到有效利用。美国加州大学研究人员用基因工程技术建构的一种"工程大肠杆菌",以柑橘皮(含有大量半乳糖醛酸、阿拉伯糖和五碳糖等)为原料,经48小时发酵,可生产高产量的乙醇产品。所获乙醇产品作为洁净新能源很有开发前景。

3.发展生物可降解塑料。这类塑料的最大优点是废弃后可被生物降解,不造成环境污染,如PHB、PHV等。可从两方面进行研究开发:

(1)通过微生物发酵途径生产塑料物质。自然界约有90%以上的微生物储存着PHB(聚羟基丁酸酯)颗粒,真养产碱杆菌可大量合成PHB,最高可产菌体干重的80%,因此,选育高产菌种是生产PHB的先决条件。在日本,利用真养产碱杆菌或嗜酸假单胞菌开发出3—羟基丁酸与4—羟基丁酸共聚物,产率达60%。我国西北大学研究人员选育出一种动胶菌(Zoogloeasp.),利用蔗糖、工业酵母粉为底物,也可以用葡萄糖生产的废液为碳源,PHB产率达细胞干重的61.86%。中科院微生物研究所研究人员筛选出一株优良菌种,即肥大产碱杆菌(Alcaligeneslatus),高效利用甜菜糖蜜及甘蔗糖蜜生产聚羟基丁酸,在6升罐中培养54小时,收获菌体生物量70~85克/升(干重),PHB占细胞干重的60%~70%,制取的PHB产品的纯度达95%。在韩国,借助基因工程技术建构的"工程大肠杆菌",在1吨发酵罐中发酵40小时可生产80千克以上的生物塑料,生产效率很高。但目前可生物降解塑料的产品售价仍高于一般塑料制品,有待进一步改进生产工艺、降低生产成本。

(2)通过转基因植物生产PHB或其共聚物(PHBV)。在美国,曾建构转基因拟南芥菜用来生产PHB,但产率不高。美国孟山都公司采取另一途径培育出另外两种转基因植物,即油菜和水芹,生产生物可降解塑料取得成功。他们从植物中获得PHB和PHV共聚物塑料物质。尽管可用细菌生产 PHBV，但成本太高，比源于石油制取的塑料成本高 5 倍。为此研究人员借助基因工程技术将细菌产 PHB 或 PHV 的基因引入植物，生产塑料物质，他们采用转基因技术将细菌的四种基因引入植物，使其同时获得表达，最终获得生产 PHBV 塑料的转基因油菜和水芹。这一成功虽然短时期内还难以实现商业化的目标，但已展现出"生物塑料农场化"的生产前景。

四、开发核燃料铀的生物技术

核燃料铀的开发和核废料处理是核燃料研究的重要课题，生物技术的应用大有可为。加拿大曾用氧化亚铁硫杆菌（Thiobacillusferrooxidans）处理铀矿废料萃取铀，使成本降低了 50％。在英国，研究人员发现一种能在有铀环境（指铀矿或铀废料处）中生活的地衣（Trapeliaivoluta），有"吃"铀的特定功能；研究还发现，地衣各部位对铀产生的辐射具有抗性；其抗辐射影响的 DNA 具有自我修复机制。由于地衣生长很慢，为了提高效率，可将其"采集铀的基因"转入生长快的真菌中，若能有效表达，则可为提取铀提供方便之路。

在探测铀方面除用微生物探测外，还可用植物进行探测。据称，有的植物，如蒿，可以吸收土壤中的铀或钍等金属离子，从而长得硕大而粗壮，这种现象称为生物富集。因此，有可能通过这种生物富集作用找到相应的地下矿藏，如铀矿等。在美国，曾以桉树为指示植物用来探矿，在科罗拉多州高原地区发现了 5 个铀矿，按同样的办法也成功地在犹他州和新墨西哥州发现了 5 个更大的铀矿，为铀矿开采找到一条简捷的途径。

新型吸附剂的应用也为核燃料铀的开发提供了一种有效手段。日本原子能研究院（JAERT）开发出一种有效的新型吸附剂，用于吸附海水中的稀有金属，如铀、钒等，并可大量回收。在日本附近海域的黑潮中使用这种吸附剂可回收 0.1％～0.2％的稀有金属。

五、生物酶制剂研究出现新的增长点

新型酶制剂的研究开发已引起科学工作者和产业部门的重视。以下为国内外研究所取得的重要进展。

1. 基因工程菌生产的植酸酶（phytase）。中国农业科学院饲料研究所姚斌博士研究组与该院生物技术研究中心范云六院士研究组进行合作研究，共同开发成功一种高效农用酶制剂——植酸酶。它是通过基因工程技术建构的"工程毕赤酵母"（Pichiapastoris），引入的植酸酶基因获得高效表达，产酶能力稳定，大大提高了植酸酶的产率，比原植酸酶产生菌如黑曲霉（Aspergillusniger）产量高 3000 倍以上，比国外报道的"工程菌"产酶量也高 50 倍以上。这项研究成果完全可以商品化。它的发展与应用，完全有可能改变植酸酶世界生产的格局，同时也改写植酸酶世界产品的售价，为饲料工业带来革命性变革。

2. 高等动物产生的端粒酶（telomelase）。科学家于 1984 年在人体生殖细胞中的染色体顶端发现了端粒酶，它能修复受损伤的染色体端粒，并使其缩短过程减缓（注：多数人体细胞在胎儿发育期就停止制造这种酶），因此，这种酶有可能为延缓衰老带来希望。染色体端粒结构随细胞的每一次分裂而逐渐变短，细胞分裂 40～90 次以后，最终仅剩下一个端粒，端粒长短已成为衡量细胞寿命的标尺。此外，英国一家研究所的研究人员发现，染色体端粒变短之后稳定性下降，且易发生突变，尤其在癌症患者当中突变比率较高，由此也说明端粒变异与癌症发生有一定联系。英国研究者还发现，癌细胞中也存在有端粒酶，它使癌细胞无限制

地分裂增多,导致癌症的发展。而关闭端粒酶可阻止癌细胞扩散。对于端粒酶的利与弊,还有许多问题有待于做进一步探究。

3.经"定向进化"(directedevolution)技术改进的各种酶。据美国《商业周刊》(1999.9.27)介绍,定向进化技术的应用为改进酶制剂(或其他药物)发挥了极其重要的作用。美国的研究人员从高温极端环境中分离出一种微生物,从中提取高温酶,再经"定向进化"改造,使该酶的活性提高3.9万倍;在工业上得到应用的源于枯草芽孢杆菌的蛋白酶,经"定向进化"技术改进后,其在高温条件下或在碱性溶液中的性能可提高2倍。

总之,生物酶及酶制剂经高新技术改造后其效价或酶活性可以成倍地提高,在工业、农业、医药等诸多领域有着广阔的应用前景。

第二章　微生物学概论

知识目标：
　　1.明确微生物学科为一门独立学科在生命科学发展中的重要作用和地位；
　　2.激发学生的学习兴趣和明确肩负的重任。
能力目标：
　　1.独立思考能力；
　　2.创新和开拓精神。

　　从列文虎克(Antony van Leewenhoek)用自制的显微镜首次观察到微生物以来，人们对微生物的认识只不过300多年的历史；作为一门独立的学科，微生物学也比动物学、植物学晚得多，只有100多年的历史。这门学科的诞生和发展经历了艰难曲折的历程，其间许多科学家为此做出了卓越的贡献，使得微生物这种最小的生命体在人类居住的地球上，特别是对人类自身的生存和健康发挥着巨大的、不可替代的作用。微生物学作为一门最具生命力的科学也一直是推动整个生命科学发展的强大动力。

　　本章首先从微生物与人类的密切关系开始，通过介绍微生物学的发展简史(包括我国微生物学的发展)，着重介绍微生物学创立和发展的奠基者及他们的开创性工作，以及微生物学在生命科学发展中做出的伟大贡献，并将对21世纪微生物学的发展、特别是微生物基因组学对微生物学发展赋予的生机和使命予以介绍和展望。

一、微生物和你

　　当你清晨起床后，深深吸一口清新的空气，喝一杯可口的酸奶，品尝着美味的面包或馒头的时候，你就已经享受到了微生物给你带来的恩惠；当你因患感冒或其他某些疾病而躺在医院的病床上，经受病痛的折磨时，那便是有害的微生物侵蚀了你的身体；但当白衣护士给你服用(或注射)抗生素类药物，使你很快恢复了健康时，你得感谢微生物给你带来的福音，因为抗生素是微生物的"奉献"。然而，如果高剂量的某种抗生素注入你的体内后，效果甚微或者甚至毫无效果，你可曾想到这也是微生物的恶作剧——病原微生物对药物产生了抗性。这时医生只好尝试用其他药物，这些药物又有待于微生物学家和其他科学家去研究，开发……

　　可以说，微生物与人类关系的重要性，你怎么强调都不过分。微生物是一把十分锋利的双刃剑,它们在给人类带来巨大利益的同时也带来"残忍"的破坏。它给人类带来的利益不仅是享受,而且实际上涉及人类的生存。在微生物学课程中,你们将读到微生物在许多重要产品中所起的不可替代的作用,例如面包、奶酪、啤酒、抗生素、疫苗、维生素、酶等重要产品的生产,同时也是人类生存环境中必不可少的成员,有了它们才使得地球上的物质进行循环,否则地球上的所有生命将无法繁衍下去。此外,你还将看到以基因工程为代表的现代生物技术的发展及其美妙的前景也是微生物对人类作出的重大贡献。

然而,这把双刃剑的另一面——微生物的"残忍"给人类带来的灾难有时甚至是毁灭性的。1347 年,一场由鼠疫耶森氏菌(Yersimia Pestis)引起的瘟疫几乎摧毁了整个欧洲,有 1/3 的人(约 2500 万人)死于这场灾难。在此后的 80 年间,这种疾病一再肆虐,实际上消灭了大约 75% 的欧洲人口,一些历史学家认为这场灾难甚至改变了欧洲文化。我国在新中国成立前也曾多次流行鼠疫,死亡率极高。今天,一种新的瘟疫——艾滋病(AIDS)也正在全球蔓延;癌症威胁着人类的健康和生命;许多已被征服的传染病(如肺结核、疟疾、霍乱等)也有"卷土重来"之势。据 1999 年 8 月世界卫生组织的统计,目前全世界有 18.6 亿人(相当于全球人口的 32%)患结核病。随着环境污染日趋严重,出现一些以前从未见过的新的威胁。因此,你——未来的微生物学家或其他科学家任重道远。正确地使用微生物这把双刃剑,造福于人类是我们学习和应用微生物的目的,也是每一个微生物学工作者义不容辞的责任。

二、微生物学

(一)研究对象及分类地位

微生物研究作为一门科学——微生物学、比动物学,植物学要晚得多,至今不过 100 多年的历史。因为微生物太小,需借助显微镜才能看清它们。因此,微生物学(Micrcbiology)一般定义为研究肉眼难以看清的称之为微生物的生命活动的科学。这些微小生物包括无细胞结构不能独立生活的病毒、亚病毒(类病毒、拟蕈病毒、朊病毒)、具原核细胞结构的真细菌、古生菌以及具真核细胞结构的真菌(酵母、霉菌、菌等)、单细胞藻类、原生动物等。但其中也有少数成员是肉眼可见的,例如 1993 年正式确定为细菌的 Epulopixium fishdioni 以及 1998 年报道的 Thiomargarita namibicnsis。所以上述微生物学的定义是指一般的概念,是历史的沿革,但仍为今天所适用。

有的微生物学家提出不同的看法,例如著名的微生物学家 Roger Stanier 提出,确定微生物学领域不应只是根据其大小,还应该根据有别于动植物的研究技术。微生物学家通常首先从群体中分离出特殊的微生物纯种,然后进行培养,因此研究微生物要使用特殊的技术,例如消毒灭菌和培养基的应用等,这对成功地分离和培养微生物是必需的,也是有别于动植物的。

由于微生物的多样性以及独特的生物学特性(个体小、繁殖快、分布广等),使其在整个生命科学中占据着举足轻重的地位。无论是 1969 年 Whittaker 提出的五界系统,还是 1977 年 wocee 提出的三域(domian)系统,微生物都占据了绝大多数的"席位",分别为 3/5 和 2/3 强。这是微生物在整个生物界的分类地位。在本章我们还将讨论微生物及微生物对整个生命科学作出的巨大贡献及其生物学地位。

(二)研究内容及分科

那么微生物学具体的研究内容是什么呢? 总的来说,微生物学是研究微生物在一定条件下的形态结构、生理生化、遗传变异以及微生物的进化、分类、生态等规律及其应用的一门学科。随着微生物学的不断发展,已形成了基础微生物学和应用微生物学,其又可分为许多不同的分支学科,并且还在不断地形成新的学科和研究领域。其主要的分科见图 2-1。

微生物学					
基础微生物学			应用微生物学		
按微生种类分 细菌学 真菌学 病毒学 藻类学 菌物学 原生生物学	按过程或功能分 微生物生理学 微生物遗传学 微生物生态学 分子微生物学 细胞微生物子 微生物基因组学	按与疾病的关系分 免疫学 医学微生物学 流行病学	按生态环境分 土壤微生物学 海洋微生物学 环境微生物学 宇宙微生物学 水微生物学	按技术与工艺分 分析微生物学 微生物技术学 发酵微生物学 遗传工程	按应用范围分 工业微生物学 农业微生物学 医学微生物学 药学微生物学 兽医微生物学 食品微生物学 预防微生物学

图 2-1　微生物学的主要分支学科

三、微生物的发现和微生物学的发展

(一)微生物的发现

在人们真正看到微生物之前,实际上已经猜想或感觉到它们的存在,甚至人们已经不知不觉地应用它们。我国劳动人民很早就认识到微生物的存在和作用,也是最早应用微生物的少数国家之一。据考古学推测,我国在 8000 年以前已经出现了曲药酿酒。4000 多年前我国酿酒已十分普遍,而且当时的埃及人也已学会烘制面包和酿制果酒,2500 年前我国人民已发明酿酱、醋。公元 6 世纪(北魏时期),我国贾思勰的巨著《齐民要术》详细地记载了制曲、酿酒、制酱和酿醋等工艺。公元 9 世纪到 10 世纪,我国已发明用鼻苗法种痘,用细菌浸出法开采铜。到了 16 世纪,古罗巴医生 G. Fracastoro 才明确提出疾病是由肉眼看不到的生物(livingcreatures)引起的。我国明末(1641 年)医生吴又可也提出"气"学说,认为传染病的病因是一种看不见的"气",其传播途径以口鼻为主。

真正看见并描述微生物的第一个人是荷兰商人安东·列文虎克(1632—1723)(图 2-2),但他的最大贡献不是在商界,而是他利用自制的显微镜发现了微生物世界(当时称之为微小动物),他的显微镜放大倍数为 50～3000 倍,构造很简单,仅有一个透镜安装在两片金属薄片的中间,在透镜前面有一根金属短棒,在棒的尖端捆上需要观察的样品,通过调焦螺旋调节焦距。利用这种显微镜,列文虎克清楚地看见了细菌和原生动物,首次揭示了一个崭新的生物世界——微生物界。由于他的划时代贡献,1680 年被选为英国皇家学会委员。

图 2-2　列文虎克(1632—1723)

（二）微生物学发展过程中的重大事件

由列文虎克揭示的多姿多彩的微生物世界吸引着各国学者去研究、探索、推动着微生物学的建立和发展，表 2-1 列出了发展过程中的重大事件。

表 2-1　微生物学发展中的重大事件

时　　间	重大事件
1857	巴斯德证明乳酸发酵是由微生物引起的
1861	巴斯德用曲颈瓶实验证明微生物非自然发生，推翻了争论已久的"自生说"
1864	巴斯德建立巴氏消毒法
1867	Lisster 创立了消毒外科，并首次成功地进行了石炭酸消毒试验
1867—1877	柯赫证明炭疽病由炭疽杆菌引起
1881	柯赫等首创用明胶固体培养基分离细菌，巴斯德制备了炭疽菌苗
1882	柯赫发现结核杆菌
1884	Koch 氏法则首次发表；Merchnikoff 阐述吞噬作用；建立高压蒸汽灭菌和革兰氏染色法
1885	巴斯德研究狂犬疫苗成功，开创了免疫学
1887	Richard Petti 发明了双层培养基
1888	Beijerinck 首次分离根瘤菌
1890	Von Behring 制备抗毒素治疗白喉和破伤风
1891	Sternberg 与巴斯德同时发现了肺炎球菌
1892	Ivanowsky 提供烟草花叶病毒是由病毒引起的证据；Winogradsky 发现硫循环
1897	Buchner 用无细胞存在的酵母菌抽提液对葡萄糖进行酒精发酵成功
1899	Ross 证明疟疾病原菌由蚊子传播
1909—1910	Ricketts 发现立克次氏体；Ehrlich 首次合成了治疗梅毒的化学治疗剂
1928	Griffith 发现细菌转化
1929	Fleming 发现青霉素
1935	Stanley 首次提纯了烟草花叶病毒，并获得了它的"蛋白质结晶"
1943	Luria 和 Dellbruck 用波动试验证明细菌噬菌体的抗性是基因自发突变所致；Chain 和 Florey 形成青霉素工业化生产的工艺
1946—1947	Lederberg 和 Tatum 发现细菌的结合现象，基因连锁现象
1949	Ender，Robbins 和 Weller 在非神经的组织培养中培养脊髓灰质病毒成功
1952	Hershey 和 Chase 发现噬菌体将 DNA 注入宿主细胞；Lederberg 发明了影印培养法；Zinder 和 Lederberg 发现普遍性转导
1953	Watson 和 Crick 提出 DNA 双螺旋结构
1956	Umbarger 发现反馈阻遏现象
1961	Jaccb 和 Monod 提出基因调节的操纵子模型
1961—1966	Holley，Khorana，Nirenberg 等阐明遗传密码

续表

时　间	重大事件
1969	Edelman 测定了抗体蛋白分子的一级结构
1970—1972	Arber，Nathans 和 Smith 发现并提纯了限制性内切酶；Temin 和 Baltimose 发现反转录酶
1973	Ames 建立细菌测定法检测致癌物；Cohen 等首次将重组质粒转入大肠杆菌成功
1975	Kohler 和 Milstein 建立产生单克隆体技术
1977	Woese 提出古生菌是不同于细菌和真核生物的特殊类群；Sanger 首次对 φX174 噬菌体 DNA 进行全序列分析
1982—1983	Cech 和 Altman 发现具催化活性的 RNA（ribozyme）；McClintock 发现的转座因子获得公认；Prusiner 发现朊病毒（prion）
1983—1984	Gallo 和 montagnier 分离和鉴定人免疫缺陷病毒；Mullis 建立 PCR 技术
1988	Deisenhofer 等发现并研究细菌的光合色素
1989	Bishop 和 Varmus 发现癌基因
1995	第一个独立生活的生物（流感嗜血杆菌）全基因组序列测定完成
1996	第一个自养生活的古生基因组测定完成
1997	第一个真核生物（啤酒酵母）基因组测定完成

在表 2-1 列出的重大事件中，其发现或发明人就有 30 位获得诺贝尔奖。据有关统计表明，20 世纪诺贝尔生理学和医学奖获得者中，从事微生物问题研究的就占了 1/3，这从另一个侧面反映了微生物举足轻重的地位。可见，微生物的发展对整个科学技术和社会经济的重大作用和贡献。

（三）微生物学发展的奠基者

继列文虎克发现微生物世界以后的 200 年，微生物的研究基本停留在形态描述和分门别类的阶段。直到 19 世纪中期，以法国的巴斯德（Louis Pasteur，1822—1895）和德国的柯赫（Robert Koch，1843—1910）为代表的科学家才将微生物的研究从形态描述推进到生理学研究阶段，揭示了微生物是造成腐败发酵和人畜疾病的原因，建立了分离、培养和灭菌等一系列的微生物技术，从而奠定了微生物的基础，开辟了医学和工业为深股等分支学科。巴斯德和柯赫是微生物学的奠基人。

1. 巴斯德

巴斯德（图 2-3）原始化学家，曾在化学上做出过重要的贡献，后来转向微生物学研究领域，为微生物学的建立和发展做出了卓越的贡献。其贡献主要集中表现在下列三个方面。

（1）彻底否定了"自生说"。"自生说"是一个古老的学说，认为一切生物是自然发生的。到了 17 世纪，由于植物和动物的生长发育和对生活史的研究，"自生说"逐渐削弱，但是由于技术问题，如何正视微生物不是自然发生的仍然是一

图 2-3　巴斯德（1822—1895）

个难题,这不仅是"自生说"的一个顽固阵地,同时也是人们正确认识微生物生命活动的一大屏障。巴斯德在前人工作的基础上,进行了许多试验,其中著名的曲颈瓶试验无可辩驳地证实,空气内确实含有微生物。巴斯德自制了一个具有细长且弯曲颈的玻璃瓶,其中盛有有机物水浸液(图 2-4),经加热灭菌后,瓶内一直保持无菌状态,有机物不发生腐败,因为弯曲的瓶颈阻挡了外面空气中微生物直达有机物浸液,但将瓶颈打开,瓶内浸液中就有了微生物,有机质发生腐败。巴斯德的试验彻底否定了"自生说",并从此建立了病原说,推动了微生物的发展。

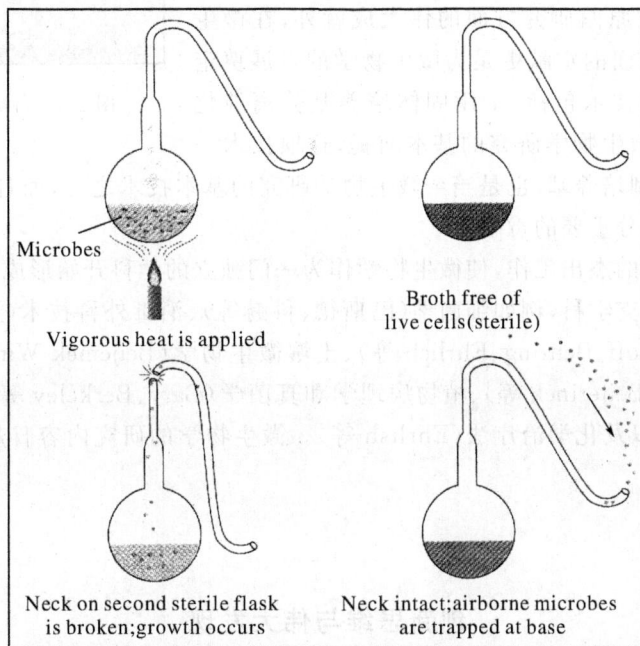

图 2-4 曲颈瓶试验

(2)免疫学—预防接种。Jenner 虽然早在 1978 年发明了种痘法预防天花,但却不了解这个免疫过程的基本机制,因此,这个发现没能获得继续发展。1877 年,巴斯德研究了鸡霍乱,发现将病原菌减毒可诱发免疫性,以预防鸡霍乱病。其后他又研究了牛、羊炭疽病和狂犬病,并首次制成狂犬疫苗,正是其免疫学说,为人类疾病、治病作出了重大贡献。

(3)证实酒精发酵是由微生物引起的生物过程还是一个纯粹的化学反应过程,曾是化学家和微生物家激烈争论的问题。巴斯德在否定"自生说"的基础上,认为一切发酵作用都可能和微生物的生长繁殖有关。经不断的努力,巴斯德终于分离到了许多引起发酵的微生物,并证实是细菌所引起的,为进一步研究微生物的生理生化奠定了基础。

(4)其他贡献。一直沿用至今天的巴斯德消毒法(60~65℃做短时间加热处理,杀死有害微生物的一种消毒法)和家蚕卵化病问题的解决也是巴斯德的重要贡献,他不仅在实践上解决了当时法国酒变质和家蚕卵化病的实际问题,而且也推动了微生物病原学说发展,并影响医学的发展。

2.科赫

科赫(图 2-5)是著名的细菌学家,由于他曾经是一名医生,因此对病原细菌的研究做出了突出的贡献。①具体证实了炭疽病的病原菌;②发现了肺结核病的病原菌,这是当时死亡率极高的传染性疾病,因此科赫获得了诺贝尔奖;③提出了证明某种微生物是否为某种疾病病原体的基本原则——科赫原则。由于科赫在病原菌研究方面的开创性工作,自 19 世纪 70 年代至 20 世纪 20 年代成了发现病原菌的黄金时代,所发现的各种病原微生物不下百余种,其中还包括植物病原细菌。

科赫除了在病原菌研究方面的伟大成就外,在微生物基本操作技术方面的贡献更是为微生物学的发展奠定了技术支持。这些技术包括:①用固体培养基分离纯化微生物,这是进行微生物学研究的基本前提,这项技术一

图 2-5　科赫(1843—1910)

直沿用至今;②配制培养基,也是当今微生物学研究的基本技术之一,而且为当今动植物细胞的培养做出了十分重要的贡献。

巴斯德和科赫的杰出工作,使微生物学作为一门独立的学科开始形成,并出现以他们为代表而建立的各分支学科,例如细菌学(巴斯德、科赫等)、消毒外科技术(J. Lister)、免疫学(巴斯德、Metchnikoff、Behring、Ehrlich 等)、土壤微生物学(Beijemck Winogradsky 等)、病毒学(IVanowsky、Beijierinck 等)、植物病理学和真菌学(Bary、Berkeley 等)、酿造学(Hensen、Jorgensen 等)以及化学治疗法(Ehrlish 等)。微生物学的研究内容日趋丰富,使微生物学发展更加迅速。

【知识拓展】

创新思维与伟大发现

1929 年英国的弗来明(Fleming)医生在研究金黄色葡萄球菌(以下简称葡萄球菌)时,平板上偶然污染了一株青酶,他惊奇地发现在青霉菌落的葡萄球菌不能生长。但是权威性的观点认为这是因为青酶菌的生长消耗了培养基中的营养,使其菌落周围的葡萄球菌"饿死"所致。但一直在思考如何消灭可恶的葡萄球菌(引起伤口溃疡)的弗来明却敏锐地感到可能是青霉菌分泌了某种物质杀死或抑制了葡萄球菌的生长。沿着这个崭新的思路设计的实验完全揭示了一个崭新的世界:用一滴青霉培养物的滤液滴在正在生长的葡萄球菌的平板上,几小时后,葡萄球菌奇迹般地消失了!这一发现为人类从微生物中寻找医治传染病的生物药物打开了大门。1943 年经弗洛里(Flory)和柴恩(Chain)的继续研究,终于将青酶产生的这种抗生物质——青霉素提纯出来,制成了抗细菌感染的药物。青霉素的问世挽救了无数人的生命,至今经过改造的青霉素系列药物仍在发挥它杀灭病原细菌的巨大威力。随之而兴的造福人类的抗生素工业得到蓬勃发展。科学家敏锐的洞察力、创造性思维和潜心研究的精神成为后人的楷模。

(四)微生物推进经济和社会的可持续发展

经济和社会的可持续发展是世界公认的准则,也是我国的国策,微生物也能推进此国策,目前我国农村大力推广的沼气生态园就是实例。这种沼气生态园,就是将沼气池、厕所、畜禽舍建在日光温室内,成为"四位一体"模式,形成以微生物发酵产沼气、沼液、沼渣为中心

的种植业、养殖业、可再生能源和环境保护四结合的生态系统。

这种生态园充分利用太阳能转化为热能,又转化为生物能,其中不仅提高了植物的光合作用,增强了动物的保暖,而且提高了沼气发酵的温度,沼气产量得以倍增。更重要的是,这种生态园的沼气发酵是来自于自然界的许多微生物的混合发酵,发挥了自然界微生物的物种多样性、遗传多样性和生态系统多样性的作用,因而可以利用天然产生的所有有机物作原料,发酵后的产物也全部能被利用,提供燃料、肥料、饲料等,使种植业、养殖业增产增收,同时还净化了环境,改善了卫生条件。所以生态园在促进了经济和社会发展的同时,使"取"自于自然的物质又"回"到自然,实现了自然界物质的良好循环,这也充分地说明了微生物推进社会和经济的可持续发展。

四、20 世纪的微生物学

19 世纪中期到 20 世纪初,微生物研究作为一门独立的学科已经形成,并进行着自身的发展。但在 20 世纪早期还未与生物学的主流相汇合,当时大多数生物学家的研究兴趣是有关高等动植物细胞的结构和功能、生态学、繁殖和发育、遗传以及进化等;而微生物学家更关心的是感染疾病的因子、免疫、寻找新的化学治疗药物以及微生物代谢等。到了 20 世纪 40 年代,随着生物学的发展,许多生物学难以解决的理论和技术问题十分突出,特别是遗传学上的争论问题,使得微生物这样一种简单而又具有完整生命活动的小生物成了生物学研究的"明星",微生物学很快与生物学主流汇合,并被推到了整个生命科学发展的前沿,获得了迅速发展,在生命科学的发展中作出了巨大的贡献。

(一)多学科交叉促进生物学全面发展

微生物学走出以应用为主的狭窄研究范围,与生物学发展的主流汇合、交叉,获得全面、深入的发展。而首先与之汇合的是遗传学、生物化学。1941 年 Beadle 和 Tatum 用粗糙脉胞菌(Neurospora crasa)分离出一系列生化突变株,将遗传学和生物化学紧密结合起来,不断促进微生物本身向纵深发展,形成了新的基础学科——微生物遗传学和微生物生理学,而且也推动了遗传学的形成。与此同时,微生物的其他分支学科也得到迅速发展,如细菌学、真菌学、病毒学、微生物分类学、工业微生物学、植物病理学、医学微生物学及免疫学等。60 年代微生物生态学、环境微生物学等发展起来。这些都是原来独立的学科相互交叉、渗透而形成的。微生物的一切活动规律,包括遗传变异、细胞结构和功能、微生物的酶及生理生化等的研究逐渐发展起来。到了 20 世纪 50 年代微生物学全面进入分子研究水平,并进一步与迅速发展起来的分子生物学理论和技术以及其他学科汇合,使微生物学发展成为生命科学领域内一门发展最快、影响最大,体现生命科学发展主流的前沿学科。

微生物学应用广泛,进入 20 世纪,特别是 40 年代后,微生物的应用也获得重大进展。抗生素的生产已经成为现代化的大企业,微生物酶制剂已广泛用于农、工、医各方面;微生物的其他产物,如有机酸、氨基酸、维生素、核苷酸等,都利用微生物进行大量生产。微生物的利用已形成一项新兴的发酵工业,并逐渐朝着人为的、有效控制的方向发展。80 年代初,在基因工程的带动下,传统的微生物发酵工业已从多方面发生了质的变化,成为现代生物技术的重要组成部分。

（二）微生物学推动生命科学的发展

1.促进许多重大问题的突破

生命科学由整体细胞研究水平进入分子水平，取决于许多重大问题的突破，其中微生物学起了重要甚至关键性的作用，特别是对分子遗传学和分子生物学的影响最大。我们知道突变是遗传学研究的重要手段，但是只有在1941年Beadl和Taturn用粗糙脉胞菌进行试验才使基因和酶的关系得以阐明，提出一个基因一个酶的假说。有关突变的性质和来源（自发突变）是由于S.luria和M.beldruck(1943年)利用细菌进行的突变所进行的。长期争论而不能得到解决的"遗传物质的基础是什么"的重大理论问题，只有在以微生物为材料所进行的研究获得结果时才无可辩驳地证实：核酸是遗传信息的携带者，是遗传物质的基础。这个重大突破也为1953年Watson-Crick DNA双螺旋结构的提出起了战略性的决定作用，从而奠定了分子遗传学的基础。此外，基因的概念遗传学发展的核心，也与微生物学的研究息息相关。例如著名的"撕裂基因"的发现来源于对病毒的研究；所谓"跳跃基因"（可转座因子）的发现虽然首先来源于McClintock对玉米的研究，但最终得到证实和公认是由于对大肠杆菌的研究。基因结构的精细分析、重叠基因的发现，最先完成的基因组测序等都与微生物学发展密不可分。

以研究生命物质的物理、化学结构以及其功能为己任的分子生物学，如果没有遗传密码的阐明，你知道基因表达调控的机制，那将是"无源之水，无本之木"。正是微生物学的研究和发展为其奠定了基础。60年代，Nirenberg等人通过研究大肠杆菌无细胞蛋白合成体系及多聚尿甘酶，发现了聚丙氨酸的遗传密码，继而完成了全部密码的破译，为人类从分子水平上研究生命现象开辟了新的机制，为微分子生物学的形成奠定了基础。此外，DNA、RNA、蛋白质的合成机制以及遗传信息传递的"中心法则"的提出等都涉及微生物学家所作出的卓越贡献。

2.对生命科学研究技术的贡献

微生物学的建立虽然比高等动植物学晚，但发展却十分迅速。动植物由于结构的复杂性及技术发展的限制而发展相对缓慢，特别是人类遗传学的限制更大。20世纪中后期，由于微生物学的消毒灭菌分离培养等技术的渗透和应用的拓宽和发展，动植物可以像微生物一样在平板或三角瓶中培养，可以在显微镜下进行分离，甚至可以像微生物的工业发酵一样，在发酵罐中进行生产。今天的转基因动物、转基因植物的转化技术也源于微生物转化的理论和技术。

70年代，由于微生物学家的许多重大发现，包括质粒载体、限制性内切酶、连接酶、反转录酶等，才导致了DNA重组技术和遗传工程的出现，使整个生命科学翻开新的一页，使人类定向改变生物、根治疾病、美化环境的梦想将成为现实。

3.微生物与"人类基因组计划"

"人类基因组计划"的全称为"人类基因组作图和测序计划"。这是一项当今世界耗资巨大（30亿美元），其深远意义堪与阿波罗登月计划媲美的最大的科学工程。要完成如此大的工程，除了需要多学科（数、理、化、信息、计算机等）的交叉外，模式生物的先行至关重要，因为模式生物一般背景清楚，基因组小便于测定和分析，可从中获取经验、改进技术方法。而这些模式生物除极少数（如果蝇、线虫、拟南芥等）为非微生物外，绝大部分为细菌和酵母，目前已完成了近20多种独立生活的微生物基因组序列测定，在此过程中由于基因组作图和测序方法的不断改进,大大加快了基因组计划进展。

测序工作只是"计划"的一部分,紧接着是更巨大的工程——后基因组研究,其主要任务是认识基因和基因组的功能。目前微生物基因组序列分析表明,在某些生物中存在一些与人类某些遗传疾病相类似的基因,因此可以利用这些细菌的模型来研究这些基因的功能,为认识庞大的人类基因组及功能提供简便的模式。

总之,20世纪的微生物学一方面在与其他学科的交叉和相互促进中,获得令人瞩目的发展;另一方面也为整个生命科学的发展作出了巨大贡献,并在生命科学的发展中占有重要的地位。

4.我国微生物科学的发展

我国是具有5000年文明史的古国,是对微生物的认识和利用最早的国家之一,特别是在制酒、酱油、醋等微生物产品以及用种痘、麦曲等进行防病治疗等方面做出卓越的贡献。但微生物作为一门科学进行研究,我国起步较晚。中国学者开始从事微生物研究是在20世纪初,那时一批到西方留学的中国科学家开始较系统地介绍微生物知识,从事微生物研究。1910—1921年间伍连德用近代微生物学知识对鼠疫和霍乱病原的探索和防治,在中国最早建立起卫生防疫机构,培养了第一支预防鼠疫的专业队伍,在当时这项工作居于国际先进地位。20—30年代我国学者开始对医院微生物学有了较多的实验研究,其中汤非凡等在医学细菌学、病毒学和免疫学等方面的某些领域做出过较高水平的成绩,例如沙眼病原体的分离和确证是具有国际领先水平的开创性工作。30年代开始在高等学校设立酿造科目和农产制造系,以酿造为主要课程,创建了一批与应用微生物学有关的研究机构。魏岩寿等在工业微生物方面做出了开拓性工作。戴芳澜和俞大绂等是我国真菌学和植物病理学的奠基人;陈华葵和张宪武等对根瘤菌固氮作用的研究开创了我国农业微生物学;高尚荫创建了我国病毒学的基础理论研究和第一个微生物学专业。但总的来说,在新中国成立之前,我国微生物学的力量较弱且分散,未形成我国自己的队伍和研究体系,也没有我国自己的微生物工业。

新中国成立后,微生物学在我国有了划时代的发展,一批主要进行微生物学研究的单位建立起来,一些重点大学创设了微生物学专业,培养了一大批微生物学人才。现代化的发酵工业、抗生素工业、生物农药和菌肥工作已经形成了一定规模。特别是改革开放以来,我国微生物学无论在应用和基础理论研究方面都取得了重要的成果,例如我国抗生素的总产量已跃居世界首位,我国的两步法生产维生素C的技术居世界先进水平。近年来,我国学者瞄准世界微生物学科发展前沿,进行微生物基因组学研究,现已完成痘苗病毒天坛株的全基因测序,最近又对我国的辛德毕斯毒株(变异株)进行了全基因组测序。1999年启动了从我国云南省滕冲地区热海沸泉中分离得到的泉生热袍菌全基因组测序,目前取得可喜进展。我国微生物学进入了一个全面发展的新时期。但从总体来说,我国微生物学发展水平除个别领域或研究课题达到国际先进水平,为国外同行承认外,绝大多数领域与国外先进水平相比,尚有相当大的差距。因此,如何发挥我国传统应用微生物技术的优势,紧跟国际发展前沿,赶超世界先进水平,还需作出艰苦的努力。

五、21世纪微生物学发展的趋势

20世纪的微生物学走过了辉煌的历程,面对21世纪展望她的未来,将是一幅更加绚丽多彩的立体画卷,在这画卷上也可能会出现我们目前预想不到的闪光点。因此,我们在这里只能勾勒一下 21 世纪微生物学发展的趋势。

（一）微生物基因组学研究将全面展开

所谓"基因组学"是 1986 由 Thomas Roderick 首创,至今已发展成为一个专门的学科领域,包括全基因组的序列分析、功能分析和比较分析,是构成、功能和进化基因组学交织的科学。

如果说 20 世纪刚刚兴起的微生物基因组研究是给"长跑"中的"人类基因组计划"助一臂之力的话,那么 21 世纪微生物基因组学将在继续作为"人类基因组计划"的主要模式生物,在后基因组研究（认识基因和基因组功能）中发挥不可取代的作用外,会进一步扩大到其他微生物,特别是与农业及环境、资源、疾病有关的重要微生物。目前已经完成基因组测序的微生物主要包括模式微生物、特殊微生物及医用微生物。而随着基因组作图测序方法的不断进步与完善,基因组研究将成为一种常规的研究方法,为从本质上认识微生物自身以及利用和改造微生物产生质的飞跃,并将带动分子微生物学等基础研究学科的发展。

（二）与环境密切相关的微生物学研究将获得长足发展

以了解微生物之间、微生物与其他生物、微生物与环境的相互作用为研究内容的微生物生态学、环境微生物学、细胞微生物学等,将在基因组信息的基础上获得长足发展,为人类的生存和健康发挥积极的作用。

（三）微生物生命现象的特性和共性将更加受到重视

微生物生命现象的特性和共性可概括为:①微生物具有其他生物不具备的生物学特性,例如可在其他生物无法生存的极端环境下生存和繁殖,具有其他生物不具备的代谢途径和功能、化能营养、厌氧生活、生物固氮和不释放氧的光合作用等,反映了微生物的多样性;②微生物具有其他生物共有的基本生物特性,生长、繁殖、代谢、共用一套遗传密码等,甚至其基因组上含有与高等生物同源的基因,充分反映了生物高度的统一性;③微生物个体小、结构简单、生长周期短、易大量培养、易变异、重复性强等优势,十分易于操作。微生物具备生命现象的特性和共性,将是 21 世纪进一步解决生物学重大理论问题,如生命的起源和进化、物质运动的基本规律等,和实际应用问题,如新的微生物资源开发利用,能源、粮食等最理想的材料。

（四）与其他学科实现更加广泛的交叉,获得新的发展

20 世纪微生物学、生物化学和遗传学的交叉形成了分子生物学;而迈向 21 世纪的微生物基因组学则是数、理、化、信息、计算机等多种学科交叉的结果;随着各学科的迅速发展和人类社会的实际需要,各学科之间的交叉和渗透将是必然的发展趋势。21 世纪的微生物学将进一步向地质、海洋、大气、太空渗透,使更多的边缘学科得到发展,如微生物地球化学、海洋微生物学、大气微生物学、太空（或宇宙）微生物学以及极端环境微生物学等。微生物与能源、信息、材料、计算机的结合也将开辟新的研究和应用领域。此外,微生物学的研究技术和方法也将会在吸收其他学科的先进技术的基础上,向自动化、定向化和定量化发展。

（五）微生物产业将呈现全新的局面

微生物从发现到现在短短 300 年间,特别是 20 世纪中期以后,已在人类的生活和生产实践中得到广泛的应用,并形成了继动植物两大生物产业的第三大产业。这是以微生物的代谢产物和菌体本身为生产对象的生物产业,所用的微生物主要是从自然界筛选或选育的

自然菌种。21世纪,微生物产业除了更广泛地利用和挖掘不同生境(包括极端环境)的自然资源微生物外,基因工程菌将形成一批强大的工业生产菌,生产外源基因表达的产物,特别是药物的生产将出现前所未有的新局面,结合基因组学在药物设计上的新策略将出现以核酸(DNA 或 RNA)为靶标的新药物(如以寡核苷酸、肽核酸、DNA 疫苗等)的大量生产,人类将完全征服癌症、艾滋病以及其他疾病。

此外,微生物工业将生产各种各样的新产品,例如降解性塑料、DNA 芯片、生物能源。

【合作讨论】

1.有人提出科赫定理不再适应了。然而许多疾病的病因仍然未知,新的疾病仍在继续出现,你认为放弃科赫定理的时间到了吗? 请解释。

2.除了列文虎克外,可能还有其他人利用透镜观察到了微生物。毕竟,胡克在 1665 年左右就已经发明并使用了复式显微镜,而列文虎克写给伦敦皇家协会的第一封信是在 1673 年。那为什么我们只知道是列文虎克而不是其他人看到了微生物? 你能否给出理由来说明为什么发表研究结果对于科学家来说非常重要?

3.认识微生物世界有赖于技术的进步,如放大镜、复式显微镜和以琼脂为培养基凝固剂。你认为技术仍将发挥重要作用吗? 你能否举例说明最新技术发展促进了我们对微生物世界的了解? 将来又如何发展呢?

4.许多生物科学研究者喜欢用微生物作为模式生物来揭示生命过程,你认为其原因何在? 你能举出几个现代微生物学发展的例子吗?

5.何谓纯培养? 为什么说它对微生物学的发展至关重要? 它存在于自然环境中吗? 纯培养和当今工业发酵中采用的混合培养有何关系?

第三章　遗传学概论

知识目标：

掌握遗传学的整体框架；

掌握遗传学领域的基本特点；

掌握遗传学发展历程中的里程碑事件及主要内容；

了解遗传学的未来发展趋势与应用前景。

能力目标：

具备从事遗传育种研发及相关工作的能力；

培养学生的自学能力、分析问题能力；

培养学生一定的科学精神与创新能力。

众所周知，遗传学是生命科学中一门重要的专业基础课，也是生物科学中发展最活跃的学科之一。近年来人们在人类基因组计划、克隆技术、基因诊断与治疗等领域中取得了许多令人瞩目的成果，遗传学已不单单成为生物学的基础知识，而且越来越多的学科（如分子生物学和基因工程等）与遗传学携手，创造了一些生物学科的新成果。本章节对遗传学的基本概况、发展简史、在科学与生产上的应用及未来发展趋势进行简要的阐述。

一、遗传学的含义与分类

遗传学（genetics）是研究生物体遗传与变异规律及其物质基础的科学。遗传与变异是生物界最普遍、最基本的两个特征。人类在生产实践活动中早就认识到自然界的许多遗传与变异现象及其相互关系。俗话说得好，"种瓜得瓜、种豆得豆"。什么样的种子种下去就会得到相对应的果实；优良品种可获得更好更多的果实，这种子代与亲代相似的现象就是遗传。但人们也发现，遗传并不意味着子代与亲代完全相同。有一位哲学家曾经说过，"世界上不存在两片完全相同的树叶。"也就是说，子代与亲代之间、子代个体之间总是存在不同程度的差异，即使是孪生兄弟或姐妹，这种现象就是变异。

遗传与变异是生命运动中的一对矛盾，既对立又统一。遗传是相对的、保守的，而变异是绝对的、发展的。没有遗传，不可能保持性状和物种的相对稳定性；没有变异，就不会产生新的性状，也就不可能有物种的进化和新品种的选育。遗传使生物体的特征得以延续，变异则形成形形色色的生物，构成了生物进化的基础。所以说，遗传与变异是生物进化的两大因素。

人们也发现,遗传与变异的表现都与环境具有不可分割的关系。生物与环境的统一,这是当今科学界与人类社会公认的基本原则之一。因为任何生物都必须存在于一定的外部环境中,并从环境中摄取营养物质与信息,通过新陈代谢进行生长、发育与繁殖,最终表现出性状的遗传与变异。因此,在研究生物的遗传与变异时,必须密切联系其所处的环境。

目前,遗传学的分类非常广泛。从其研究对象来看,涉及动物、植物、微生物和人类等所有生物类群,分别形成了动物遗传学、植物遗传学、微生物遗传学和人类遗传学以及与其密切相关的医学遗传学等分支学科;从研究内容上看,遗传学又可划分为细胞遗传学、分子遗传学、生化遗传学、群体遗传学、行为遗传学、发育遗传学、药物遗传学、毒理遗传学、肿瘤遗传学等多个领域。从研究手段与方法来看,又可分为正向遗传学和反向遗传学,其中前者是指从生物表现型的遗传变异行为来研究生物基因型的遗传变异行为;而后者是指从生物基因型的遗传变异行为来研究生物表现型的遗传变异行为。从研究水平和角度可分为以下四个主要分支,即传递遗传学、细胞遗传学、分子遗传学和生统遗传学。

传递遗传学是遗传学最经典的研究领域与内容,它主要研究性状特征从亲代到子代的传递规律。人们可将具有不同特征的植物或动物个体进行交配,通过对几个连续世代的分析,研究性状从亲代传递给子代的一般规律。但在对人体进行研究时,因涉及伦理学问题,则采用系谱分析法,即通过对多个世代的调查,追踪某种遗传特征的传递方式,估测其遗传模式。由于这种研究方法首先是从孟德尔开始的,所以这一遗传学分支又称为孟德尔遗传学或经典遗传学。

细胞遗传学是通过细胞学技术与方法对遗传物质进行研究的一门学科。在这一领域中使用最早的工具是光学显微镜。20世纪初,人们利用光学显微镜发现了细胞有丝分裂和减数分裂过程中的染色体及其行为。染色体及其在细胞分裂过程中行为特征的发现不仅对孟德尔规律的再发现和被承认起到了重要作用,而且还奠定了遗传的染色体理论基础。染色体理论在20世纪上半叶遗传学研究中起着主导作用,它认为染色体是基因的载体,是传递遗传信息的功能单位。所以,有人把其中专门研究染色体变化与遗传变异的关系以及基因在染色体上定位等内容称为染色体遗传学。后来,随着电子显微镜的发明,人们可直接观察遗传物质的结构特征及其在基因表达过程中的行为,使细胞遗传学的研究视野扩大到分子水平。

分子遗传学是从分子水平对遗传信息进行研究的一门科学。它主要研究遗传物质的结构特征、遗传信息的复制、基因的结构与功能、基因突变与重组及基因信息的传递及调节等内容,是遗传学中最活跃、发展最迅速的一大分支。

生统遗传学是一门用数理统计学方法来研究生物遗传变异现象的分支学科。根据研究的对象不同,可分为数量遗传学和群体遗传学。前者是研究生物体数量性状即由多基因控制的性状遗传规律的分支学科,后者是研究基因频率在群体中的变化、群体的遗传结构和物种进化的学科。生统遗传学传统上是依据群体中不同个体所表现出来的特征即表型来研究遗传和变异,但现在正在逐步向研究群体内分子水平变异的方向发展。

二、遗传学的发展简史

据各种考古学资料记载,人类早在远古时代就已经开始驯养动物和栽培植物,而后人们逐渐学会了改良动植物品种的方法。公元前8000—10000年,古埃及人就开始通过饲养瞪羚作为食物,以后又用绵羊和山羊代替瞪羚并用来生产羊奶。在古非洲的尼罗河流域,公元前4000年就有记载人类通过选择和饲养蜜蜂来生产蜂蜜的活动。在植物的选育方面,在我国湖北地区新石器时代末期的遗址中还保存有阔卵圆形的粳稻谷壳,说明人类对植物品种的选育具有更悠久的历史。公元前4000年左右,古埃及的石刻上还记载了人们进行植物杂交授粉的情况。西班牙学者科卢梅拉在公元60年左右所写的《论农作物》一书中描述了嫁接技术,还记载了几个小麦品种。公元533—544年间中国学者贾思勰在所著《齐民要术》一书中论述了各种农作物、蔬菜、果树、竹木的栽培和家畜的饲养,还特别记载了果树的嫁接,树苗的繁殖,家禽、家畜的阉割等技术。但是,这些大多只停留在对遗传变异现象的观察,或是在生产实践中利用一些遗传、变异性状对动植物进行选择上,并没有对生物遗传和变异的机制进行科学的研究。

最早开始遗传学理论研究是在公元前5世纪—4世纪,古希腊医师希波克拉底及其追随者在生殖和遗传现象以及人类的起源方面作了大量探索,使古希腊人对生命现象的认识逐步从宗教的神秘色彩转向哲学的和原始科学的思维方面来。希波克拉底学派认为,雄性精液首先在身体的各个器官中形成,然后再通过血管运输到睾丸中。这种所谓的具有活性的体液是遗传特征的载体,是从身体的各个器官采集而来的。如果体液带有疾病,新生儿就表现出先天性缺陷。这种早期的思想就产生了后来由达尔文正式提出的泛生说。

古希腊哲学家和自然科学家亚里士多德对人类起源和人体遗传作了比希波克拉底学派更广泛的分析,他是泛生说形成的重要人物之一。他认为雄性的精液是从血液形成的,而不是从各个器官形成的。精液含有很高的能量,这种能量作用于母体的月经,使其形成子代个体。

法国学者拉马克总结了古希腊哲学家的思想,在1809年发表的《动物的哲学》一书中提出了与林奈物种不变论相反的观点,认为动物器官的进化与退化取决于用与不用即用进废退理论。拉马克还认为每一世代中由于用和不用而加强或削弱的性状是可以遗传的即获得性遗传。如鼹鼠没有视力是由于其祖先长期生活在黑暗洞穴,无须使用眼睛。这样,它们的眼睛逐代退化并遗传下去,最后鼹鼠就完全丧失了视力。

英国生物学家达尔文曾随"贝格尔"号战舰进行了5年的环球旅行和生物学考察,广泛研究了生物遗传、变异和进化的关系,于1859年发表《物种起源》的著作,提出了生物通过生存斗争以及自然选择进化的理论。他认为生物在长时间内累积微小的有利变异,当发生生殖隔离后,就形成了一个新物种,然后新物种又继续发生进化变异。达尔文的进化论是19世纪自然科学中最伟大的成就之一,它不仅否定了物种不变的谬论,而且有力地论证了生物由简单到复杂、由低级到高级的进化过程。

但达尔文的进化理论并没有对生物遗传和变异的遗传学基础进行论述,他在1868年发表的《在驯养下动物和植物的变异》第二部著作中试图对这一不足作出明确解释,但他重提了"泛生说"和"获得性遗传"的观点。达尔文认为在动物的每一个器官里都存在称为胚芽的单位,它们通过血液循环或体液流动聚集到生殖细胞中。当受精卵发育成为成体时,胚芽又进入各器官发生作用,因而表现出遗传现象。胚芽还可对环境条件作出反应而发生变异,表现出获得性遗传。达尔文的这些观点也完全是一些没有事实依据的假设。

德国生物学家魏斯曼支持达尔文有关进化的选择论,但反对获得性遗传。他于1892年提出了种质连续论,把生物体分成体质和种质。种质是独立的、连续的,能产生后代的种质和体质,而体质则不能产生种质。环境只影响体质,故由环境引起的变异是不遗传的,即获得性不能遗传。遗传的是种质而不是体质。种质论在生物科学中产生了广泛影响,直到今天的遗传学研究和动植物育种仍沿用了种质论的某些观点。但是,魏斯曼将生物体绝对地划分为种质和体质是片面的,而且今天的大量遗传学研究和分子生物学研究证明,某些获得性也是可以遗传的。

可惜的是,由于孟德尔理论中的许多假设具有太多的超前性,其理论在当时并未受到重视,孟德尔的工作结果直到 20 世纪初才受到重视。19 世纪末叶在生物学中,关于细胞分裂、染色体行为和受精过程等方面的研究和对于遗传物质的认识,这两个方面的成就促进了遗传学的发展。

从 1875—1884 年间德国解剖学家和细胞学家弗莱明在动物中、德国植物学家和细胞学家施特拉斯布格在植物中分别发现了有丝分裂、减数分裂、染色体的纵向分裂以及分裂后趋向两极的行为;比利时动物学家贝内登还观察到马副蛔虫的每一个身体细胞中含有等数的染色体;德国动物学家赫特维希在动物中、施特拉斯布格在植物中分别发现受精现象。这些发现都为遗传的染色体学说奠定了基础。美国动物学家和细胞学家威尔逊在 1896 年发表的《发育和遗传中的细胞》一书总结了这一时期的发现。

真正科学地、有分析地研究遗传与变异是从孟德尔(G. J. Mendel,1822—1884)开始的。他对豌豆进行了连续八年的杂交试验,于 1865 年在当地召开的自然科学学会上宣读了试验结果。他认为生物性状的遗传是受遗传因子控制的,并提出了遗传因子分离和自由组合的基本遗传规律。他从试验中得到的结论是形成今天科学遗传学的基石,所以他被公认为是遗传学的创始人。

孟德尔的工作于 1900 年为德弗里斯、德国植物遗传学家科伦斯和奥地利植物遗传学家切尔马克三位从事植物杂交试验工作的学者所分别发现。1900—1910 年除证实了植物中的豌豆、玉米等和动物中的鸡,小鼠、豚鼠等的某些性状的遗传符合孟德尔定律以外,还确立了遗传学的一些基本概念。如萨顿和博沃瑞注意到杂交试验中遗传因子的行为,与配子形成和受精过程中染色体的行为是完全平行的,即减数分裂过程中细胞染色体的行为与孟德尔遗传规律中遗传因子的分离和自由组合的行为是相符的。在此基础上,提出了遗传的染色体学说,指出控制性状的遗传因子位于细胞内的染色体上,这一学说促进了遗传学与细胞学这两门学科的结合,推动了遗传学的发展。1902 年 9 月和 1906 年 7 月分别在美国纽约和英国伦敦召开了第二次和第三次国际遗传大会。虽然这两次大会仍分别以"植物杂交工作国际会议"和"杂交与植物育种国际会议"的名义召开,但在第三次大会上担任大会主席的英国剑桥大学教授贝特森(Bateson)正式提出了"遗传学(genetics)"这一名词。1909 年,约翰逊(Johnnsen)将孟德尔所假定的"遗传因子"更名为"基因(gene)",并提出了"基因型"和"表型"等经典遗传学中最重要的概念。同年,美国著名遗传学家、哥伦比亚大学教授摩尔根(Morgan)开始以果蝇为材料进行实验遗传学研究,发现了遗传学上的第三大基本规律——连锁与互换定律。另外,他还发现了伴性遗传规律并进一步证明基因在染色体上呈直线排列,从而发展了染色体遗传学说。

【知识拓展】

乔治·孟德尔(Groegor Mendel,1822—1884)出生于捷克摩拉维亚(当时属奥地利)的一个农民家庭，从小就在家里帮助父亲嫁接果树，在学习上表现出非凡的才能。1844—1848 年，孟德尔在布隆大学哲学院学习神学，曾选修迪博尔（Diebl，1770—1859）讲授的农学、果树学和葡萄栽培学等课程。1848 年在维也纳大学期间，孟德尔先后师从著名物理学家多普勒（C·Doppler，1803—1853）、物理学家埃汀豪生（A·Ettinghausen）和植物生理学家翁格尔（F·Unger，1800—1870），这三个人对他的科学思想无疑产生了很大影响。当时大多数科学家所惯用的方法是培根式的归纳法，而多普勒则主张，先对自然现象进行分析，从分析中提出设想，然后通过实验来进行证实或否决。埃汀豪生是一位成功地应用数学分析来研究物理现象的科学家，孟德尔曾对他的大作《组合分析》仔细拜读。孟德尔后来做豌豆实验，能坚持正确的指导思想，成功地将数学统计方法用于杂种后代的分析，与这两位杰出物理学家不无关系。翁格尔当时正从事进化学说的研究，他认为研究变异是解决物种起源问题的关键，并且用这种观点去启发他的学生孟德尔。通过翁格尔，孟德尔了解了盖尔特纳的杂交工作。盖尔特纳是一位经济富裕的科学家，他能不受拘束地在自己的花园内实施有性杂交的宏伟计划，曾用 80 个属 700 个种的植物，进行了万余项的独立实验，从中产生了 258 个不同杂交类型，这些成果都记录在 1849 年出版的盖尔特纳的著作《植物杂交的实验与观察》中，虽然这本书写得既单调又重复，但涉及的范围很广，包含着一些极有价值的观察结果。达尔文和孟德尔都曾仔细地读过这本书。孟德尔读过的书至今还保存在捷克布隆的孟德尔纪念馆内，书中遍布记号和批注，有的内容正是以后孟德尔实验计划里的组成部分。由此可见，一个伟大的科学思想的形成绝非偶然。

1854 年以后，在布隆修道院做神甫的孟德尔同时还在布隆国立德文高级中学代课，讲授物理学和博物学，为时长达 14 年之久。在此期间，他完成了著名的豌豆实验，并成为摩拉维亚农业协会自然科学分会的会员。1867 年，布隆修道院老院长纳普（Napp）去世，孟德尔继任。从此，孟德尔为宗教职务所累，告别了教学和研究工作，直至 1884 年去世。

虽然孟德尔不是第一个从事植物杂交试验的人，但他是第一位从生物体的单个性状出发，分析其试验结果的人。孟德尔采用科学的方法设计试验，对杂交结果进行计数和分类，并采用数学模式对各种比例进行比较分析，然后针对各种差异提出假说。接着，他根据初步试验结果和假设，准确预测有关遗传单位的传递方式，最后再根据后来的测交结果证明他所作假设的正确性。孟德尔的研究方法和提出的学说是非常先进和科学的，特别是他的思维方法至今仍然是科学研究工作者学习的榜样。

从 1910 年到现在，遗传学的发展大致可以分为三个时期：细胞遗传学时期、微生物遗传学时期和分子遗传学时期。

细胞遗传学时期大致是 1910—1940 年，可从美国遗传学家和发育生物学家摩尔根在 1910 年发表关于果蝇的性连锁遗传开始，到 1941 年美国遗传学家比德尔和美国生物化学家塔特姆发表关于链孢霉的营养缺陷型方面的研究结果为止。

这一时期通过对遗传学规律和染色体行为的研究确立了遗传的染色体学说。摩尔根在 1926 年发表的《基因论》和英国细胞遗传学家达林顿在 1932 年发表的《细胞学的最新成就》

两书是这一时期的代表性著作。这一时期，虽然 1927 年美国遗传学家马勒和 1928 年斯塔德勒分别在动植物中发现了 X 射线的诱变作用，可是对于基因突变机制的研究并没有进展。基因作用机制研究的重要成果则几乎只限于动植物色素的遗传研究方面。

【知识拓展】

摩尔根(T. H. Morgan，1866—1945)，美国生物学家与遗传学家，发现染色体的遗传机制，创立染色体遗传理论，现代实验生物学奠基人。1933 年，获得诺贝尔生理医学奖，他是第一位被授予诺贝尔奖的遗传学家。

1866 年 9 月 25 日，摩尔根出生在 Kentucky 的 Lexington。摩尔根自幼热爱大自然。童年时代即漫游了肯塔基州和马里兰州的大部分山村和田野，还曾经和美国地质勘探队进山区实地考察，采集化石。14 岁(1880 年)时，考进肯塔基州立学院(现为州立大学)预科，两年后升入本科。1886 年春以优异成绩获得动物学学士学位，同年秋天，进入霍普金斯大学学习研究生课程。报到前，摩尔根曾在马萨诸塞州安尼斯奎姆的一家暑期学校中接受短期训练，学到了不少海洋无脊椎动物知识和基本实验技术。读研究生期间，他系统地学习了普通生物学、解剖学、生理学、形态学和胚胎学课程，并在布鲁克斯(W·K·Brooks，1848—1908)指导下从事海蜘蛛的研究。1888 年，摩尔根的母校肯塔基州立学院对摩尔根进行考核后，授予他硕士学位和自然史教授资格，但摩尔根没有应聘，继续攻读博士学位。1890 年春，摩尔根完成"论海蜘蛛"的博士论文，获霍普金斯大学博士学位。1891 年秋，摩尔根受聘于布林马尔学院，任生物学副教授，1895 年升为正教授，从事实验胚胎学和再生问题的研究。1903 年摩尔根应威尔逊之邀赴哥伦比亚大学任实验动物学教授。从 1904 年到 1928 年，摩尔根创建了以果蝇为实验材料的研究室，从事进化和遗传方面的工作。1928 年，62 岁的摩尔根不甘心颐养天年的清闲生活，应聘为帕萨迪纳加州理工学院的生物学部主任。他将原在哥伦比亚大学工作时的骨干布里奇斯、斯图蒂文特和杜布赞斯基(T·H·Dobzhansky，1900—1975)再次组织在一起，重建了一个遗传学研究中心，继续从事遗传学及发育、分化问题的研究。1945 年 12 月 4 日，因动脉破裂，摩尔根在帕萨迪纳逝世，享年 79 岁。

微生物遗传学时期大致是 1940—1960 年，从 1941 年比德尔和塔特姆发表关于脉孢霉属中的研究结果开始，到 1960—1961 年法国分子遗传学家雅各布(Jacob)和莫诺(Monad)发表关于大肠杆菌的操纵子学说为止。如 1941 年，比德尔(Beadle)在对红色链孢霉进行了较深入的生化遗传学研究后，提出了"一个基因一个酶"的著名学说。同年，卡斯帕森(Caspersson)利用定量细胞化学方法证明 DNA 存在于细胞核中。1944 年，艾弗瑞(Avery)利用纯化因子对肺炎双球菌的转化实验，证明了遗传物质是 DNA 而不是蛋白质。这一时期由于第二次世界大战的影响，遗传学的研究也遭受了重创，特别是在英、法等国。如研究肺炎双球菌转化的先驱格里菲思和他的助手斯科特在 1941 年被德军的炮弹炸死在实验室中。第八届国际遗传学大会也因战乱的影响与上届大会相隔 9 年之后才于 1948 年 7 月在瑞典斯德哥尔摩召开。我国遗传学家谈家桢教授出席了这次大会，这是第一次有中国学者参加的国际遗传学大会。1961 年,雅各布和莫诺德提出了大肠杆菌 DNA 操纵子学说,阐明了微生物细胞中基因表达的调控问题,开创了基因调控研究的新领域。另外,他们还发现了 mRNA。

在这一时期中,采用微生物作为材料研究基因的原初作用、精细结构、化学本质、突变机制以及细菌的基因重组、基因调控等,取得了已往在高等动植物研究中难以取得的成果,从而丰富了遗传学的基础理论。1900—1910 年人们只认识到孟德尔定律广泛适用于高等动植物,微生物遗传学时期的工作成就则使人们认识到遗传学的基本规律适用于包括人和噬菌体在内的一切生物。

分子遗传学时期从 1953 年开始至今。1953 年,美国生物学家沃森(Watson)和英国物理学家克里克(Crick)采用 X 衍射等技术共同发现了 DNA 分子的双螺旋结构,从此揭开了遗传学历史的新篇章,它标志着遗传学研究进入了分子遗传学时代。从那时起,DNA 作为基因的载体逐渐被遗传学家所公认。同年 8 月,在意大利的贝勒格诺召开了第九届国际遗传学大会。而第十届国际遗传学大会则于 1958 年 8 月在加拿大的蒙特利尔召开。该次会议改变了往届大会由东道国遗传学会组织的传统,而是由美国遗传学会和北美的 11 个生物学研究机构联合组织,这从一个侧面反映了 50 年代初开始的遗传革命引起了广泛重视。这期间,该学科的许多基本概念得到了不断的补充和更新,其速度之快为其他科学所罕见。1958 年,克里克提出了生物体内遗传信息流向的中心法则。1962 年,沃森和克里克因发现 DNA 的双螺旋结构而获得诺贝尔生理学或医学奖。1963 年,莫诺提出了 DNA 复制的复制子模型。到 1969 年,尼伦伯格等人破译了 DNA 分子上存在的全部 64 种密码子。遗传密码及其破译解决了遗传信息本身的物质基础及含义的问题。另外,信使 RNA(mRNA)、转运 RNA(tRNA)及核糖体的功能等也在 60 年代里得到了初步阐明,在此基础上阐明了蛋白质生物合成的基本过程。1963 年 9 月,第 11 届国际遗传学大会在荷兰海牙召开,会议论文集第一次由出版社以《今日遗传学》为书名出版发行,而往届的论文集都是以有关杂志增刊的形式出版的,这种变化说明遗传学逐步为人们所重视,其研究队伍日益壮大。1965 年,雅各布和莫诺因研究酶的遗传学控制(操纵子说)推动了分子遗传学的发展而获得诺贝尔奖。1968 年 8 月,在日本东京召开了第 12 届国际遗传学大会,这次会议全面检阅了分子遗传学所取得的成就。同年,霍利、柯拉纳和尼伦伯格因解释了遗传密码及其在蛋白质合成中的作用而获得诺贝尔生理或医学奖。1969 年赫由伯勒和托达罗提出了癌基因学说,使肿瘤遗传学的研究进入到分子水平。同年,达尔布鲁克等人因对病毒遗传学的贡献而获得诺贝尔奖。1970 年,巴尔的摩和特明发现了依赖 RNA 的 DNA 聚合酶——逆转录酶。

20 世纪 70 年代后,分子遗传学的研究更加深入。1973 年,科恩等人采用限制性内切酶以及人工分离基因的方法成功地实现了 DNA 分子的体外重组,从而使人类进入了设计和改造生物物种的新时代——遗传工程时代。以 DNA 重组技术为核心的遗传工程的兴起不仅极大地推动了遗传学乃至整个生命科学的研究,而且成为改变工农业和医药学面貌的巨大力量。同年,在美国召开了首次国际人类基因定位专题讨论会,以交流成果并统一有关的概念、标准和命名法。1973 年 8 月,在美国伯克莱召开了第 13 届国际遗传学大会。1975 年,巴尔的摩、特明和达尔贝科因发现逆转录酶和肿瘤病毒与细胞遗传物质的相互作用而获得诺贝尔生理学或医学奖。1977 年 11 月,博耶与板仓等人利用重组 DNA 技术合成出了生长抑制激素,这是利用遗传工程方法获得的第一个基因产物。1978 年,阿尔伯等人因发现限制性内切酶并将其应用于分子遗传学研究而获得诺贝尔生理学或医学奖。同年 8 月,在前苏联莫斯科召开第 14 届国际遗传学大会。从此,基因工程方面的研究蓬勃开展起来,到 1980 年利用该技术已获得了 9 个基因的产物。遗传学从此进入了一个新的历史时期。1980 年,伯格、吉尔伯持和桑格因建立重组 DNA 技术和 DNA 碱基顺序测定技术而获得诺贝尔化学奖。

　　进入 20 世纪 80 年代后,遗传学与分子生物学和发育生物学的结合更加深入,它的许多分支学科特别是分子遗传学和发育遗传学的发展更为迅速,日益显现出在生命科学中带头学科的地位。以基因工程为龙头的遗传工程技术的应用,以及数理化方面的理论、技术和方法的引入,为遗传学在研究技术和方法上带来了革命性的突破。1982 年,利用重组 DNA 技术首次生产的抗糖尿病药物——人胰岛素上市。1983 年,麦克林托克因发现可移动的遗传物质而获得诺贝尔生理学或医学奖。同年,第 15 届遗传学大会在印度新德里召开。中国派出了由 30 余人组成的代表团出席会议,这是中国在中断 35 年之后第一次出席国际遗传学大会。从此恢复了中国遗传学工作者与国际同行的全面接触。1984 年,穆里斯等人建立多聚酶链式反应(PCR)技术。这种在小试管中进行的基因或 DNA 片段的体外扩增技术是遗传学领域所取得的一项重大成果。自 PCR 技术创立以来在遗传学的诸多研究领域乃至整个生命科学获得广泛应用,极大地促进了分子遗传学的发展,由此该技术发明人获得了 1989 年的诺贝尔化学奖。1987 年,赫勒等人测定了分布在人类 46 条染色体上的 400 多个遗传标记间的相对位置.绘制出了第一张人类基因组的连续图谱,使人类遗传学研究进入到一个新阶段。同年,美国麻省理工学院的日本分子遗传学家利根川进由于解释了抗体多样性的遗传基础,即为什么机体内少量的抗体基因能产生种类繁多的抗体而获该年度诺贝尔奖。1988 年,在加拿大的多伦多召开了第 16 届国际遗传学大会,全面地交流了遗传学各领域在 5 年里所取得的成就。1986 年,美国率先提出了一个前所未有的庞大研究计划——人类基因组计划(HGP)。其基本目标是,投入 30 亿美元在 15 年左右的时间内搞清人类基因组中全部 30 亿碱基对长度的 DNA 分子中所包含基因的数量、碱基排列顺序并绘制出详细的基因图谱。

　　进入 20 世纪 90 年代,遗传学发展的最显著变化是基因组研究全面兴起,以基因组为对象来研究遗传问题有利于克服以往研究模式所带来的片面性或局限性,因为在机体的基因组中各类基因的作用并非是独立的,而是分工协作、密切相关的统一体。该领域的一个标志性研究项目便是 1990 年正式启动的人类基因组计划.该项目决定用 15 年的时间(1990—2005 年)揭示人类基因组的全部奥秘。其任务分两大阶段:(1)绘制基因组结构图谱;(2)测定出基因组 DNA 的碱基顺序。我国也于 1993 年正式加入该研究,完成其 1% 的工作量。为了协调这项由众多科学家参与的超级研究课题,还专门成立了国际性学术组织——人类基因组组织。

　　HGP 自实施以来,带动了其他生物体基因组研究的开展。随着这方面资料的积累,使得遗传学领域产生了一个崭新的分支学科——基因组学(genomics)。另一方面,以重组 DNA 技术为基础的基因治疗开始从实验室走向临床。1990 年 9 月,美国的一名患腺苷酸脱氢酶缺乏症的女孩接受了人类历史上的首次基因治疗,并获得了显著疗效。1993 年 8 月,在英国的伯明翰召开了第 17 届国际遗传学大会,以谈家桢为首的 30 余位中国学者出席了这次会议并经过激烈的竞争获得了 5 年后的第 18 届遗传学大会举办权,这对于中国遗传学界来说是一个了不起的成绩。因为国际遗传学大会是国际遗传学领域规模最大、影响最广的世界性学术活动。它不仅反映该领域科研和应用的最新成就,而且对这门学科今后的发展方向有巨大的影响。到 1996 年底,有百余种基因治疗方案获美国国立健康研究所(NIH)的批准,显示了遗传学这一成果的巨大应用价值。1998 年 8 月,第 18 届国际遗传学大会如期在中国北京隆重举行,这次大会由国际遗传学联合会、中国遗传学会和中国科学院共同举办,来自 54 个国家和地区的 2000 多名遗传学工作者出席了为期 6 天的盛会,本届大会主席、中国科学院院士、复旦大学遗传所教授谈家桢为大会作了"遗传学造福全人类"的报告,举办了 48 场专题讨论会和两场研讨会。大会推举中国遗传学会秘书长、复旦大学遗传学研究所所长赵寿元教授为新一届国际遗传学联合会主席。毫无疑问,这次大会将作为 20 世纪中国遗传学界最重大的事件而载入史册。

到 2000 年 6 月,经过美、英、德、法、日、中等 6 国科学家的努力,人类基因组工作框架图绘制完成,经过半年多的研究与分析后发现,人类基因组共有 32 亿个碱基对,包含 3～4 万个编码蛋白质的基因。其研究成果以题为"人类基因组的初步测定和分析"、长达 60 多页的论文发表在国际权威学术刊物《Nature》上。

分子遗传学是在微生物遗传学和生物化学的基础上发展起来的。分子遗传学的基础研究工作都以微生物、特别是以大肠杆菌和它的噬菌体作为研究材料;它的一些重要概念,如基因和蛋白质的线性对应关系、基因调控等也都来自微生物遗传学的研究。分子遗传学在原核生物领域取得上述许多成就后,才逐渐在真核生物方面开展起来。正像细胞遗传学研究推动了群体遗传学和进化遗传学的发展一样,分子遗传学也推动了其他遗传学分支学科的发展。遗传工程是在细菌质粒和噬菌体以及限制性内切酶研究的基础上发展起来的,它不但可以应用于工、农、医各个方面,而且还进一步推进分子遗传学和其他遗传学分支学科的研究。

免疫学在医学上极为重要,已有相当长的历史。按照一个基因一种酶假设,一个生物为什么能产生无数种类的免疫球蛋白,这本身就是一个分子遗传学问题。自从澳大利亚免疫学家伯内特在 1959 年提出了克隆选择学说以后,免疫机制便吸引了许多分子遗传学家的注意。目前,免疫遗传学已成为分子遗传学研究最活跃的领域之一。

在分子遗传学时代,另外两个迅速发展的遗传学分支是人类遗传学和体细胞遗传学。自从采用了微生物遗传学研究的手段后,遗传学研究可以不通过生殖细胞而通过离体培养的体细胞进行,人类遗传学的研究才得以迅速发展。不论研究的对象是什么,凡是采用组织培养技术或类似方法进行的遗传学研究都属于体细胞遗传学。人类遗传学的研究一方面广泛采用体细胞遗传学方法,另一方面也愈来愈多地应用分子遗传学方法,例如采用遗传工程的方法来建立人的基因文库并从中分离特定基因进行研究等。

许多遗传学分支的研究都采用了分子遗传学手段,特别是重组 DNA 技术。即使是有关群体的遗传学研究也受分子遗传学的影响,进化遗传学研究中的分子进化领域便是一个例子。

【知识拓展】

HGP 简介

人类基因组计划(human genome project，HGP)是由美国科学家于 1985 年率先提出，于 1990 年正式启动的。美国、英国、法兰西共和国、德意志联邦共和国、日本和我国科学家共同参与了这一价值达 30 亿美元的人类基因组计划。按照这个计划的设想，在 2005 年，要把人体内约 10 万个基因的密码全部解开，同时绘制出人类基因的谱图。换句话说，就是要揭开组成人体的 10 万个基因的 30 亿个碱基对的秘密。人类基因组计划与曼哈顿原子弹计划和阿波罗计划并称为三大科学计划。

1986 年，诺贝尔奖获得者 Renato Dulbecco 发表短文《肿瘤研究的转折点:人类基因组测序》(Science，231：1055—1056)。文中指出:如果我们想更多地了解肿瘤，我们从现在起必须关注细胞的基因组。……从哪个物种着手努力? 如果我们想理解人类肿瘤，那就应从人类开始。人类肿瘤研究将因对 DNA 的详细知识而得到巨大推动。

什么是基因组(Genome)? 基因组就是一个物种中所有基因的整体组成。人类基因组有两层意义:遗传信息和遗传物质。要揭开生命的奥秘，就需要从整体水平研究基因的存在、基因的结构与功能、基因之间的相互关系。

为什么选择人类的基因组进行研究? 因为人类是在"进化"历程上最高级的生物，对它的研究有助于认识自身、掌握生老病死规律、疾病的诊断和治疗、了解生命的起源。

测出人类基因组 DNA 的 30 亿个碱基对的序列，发现所有人类基因，找出它们在染色体上的位置，破译人类全部遗传信息。

在人类基因组计划中，还包括对五种生物基因组的研究:大肠杆菌、酵母、线虫、果蝇和小鼠，称之为人类的五种"模式生物"。

HGP 的目的是解码生命、了解生命的起源、了解生命体生长发育的规律、认识种属之间和个体之间存在差异的起因、认识疾病产生的机制以及长寿与衰老等生命现象、为疾病的诊治提供科学依据。

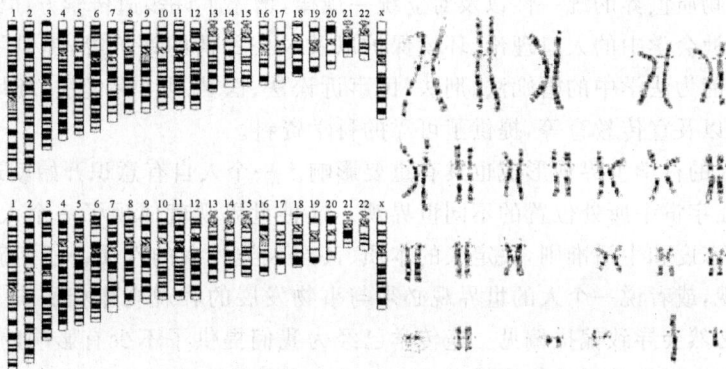

三、遗传学在科学和生产发展中的作用

（一）遗传学研究的理论与科学意义

遗传学理论的深入研究，不仅直接关系到遗传学学科本身的发展，而且在理论上对于探索生命的本质和生物的进化甚至推动整个生命科学基础理论的发展都有着巨大的作用。

生物学中的各个分支学科，如动物学、植物学、组织学、解剖学、胚胎学、生理学、生物化学、生态学等，它们分别研究生物各个层次上的结构和功能，这些结构和功能，无一不是遗传与环境相互作用的结果。从生物学各个分支学科的研究内容中，固然可以看到生命的共性，可是，看到更多的却是生命的多样性。而遗传学则相反，从遗传学的研究内容中，虽然能够看到生命的多样性，可是，看到更多的却是生命的共性。例如：人和病毒在形态结构和生理功能上没有任何相似之处，但是，在遗传物质的传递及信息表达上却具有统一性，即二者共用一个遗传密码表。这说明遗传学在探索生命本质的研究中，具有特别重要的意义。所以，遗传学在当代已成为整个生物科学发展的焦点。

遗传学的研究不仅具有自身的重要价值，而且，遗传学的发展也大大推动了生物学其他分支学科的发展，使这些分支学科，从内容、概念到研究方法上都发生了一定的变化和更新。例如：进化论所研究的生物进化过程，实际上就是遗传物质历史演化的过程；发育生物学研究从受精卵到成体的发育过程，实际上就是基因分别被激活和抑制的过程；激素的生理功能，实际上就是有关基因活性调控和表达的过程；以生物个体形态特征为依据的分类学，实际上也可以用细胞染色体结构和核苷酸的序列为依据进行分类等。

在遗传学与生物学的各个分支学科中，以遗传学与生物化学的关系最为密切。许多遗传学的研究中必须运用生物化学的方法与知识；另一方面遗传学研究的结果大大发展了生物化学的内容。例如细菌营养缺陷型的研究，阐明了遗传基因在氨基酸和核苷酸生物合成途径中的地位和作用；而遗传物质 DNA 分子的结构与功能研究，以及遗传密码的破译等，又都有力地促进了生物化学对蛋白质合成机制的研究。

遗传学的研究，不仅促进了生物学各个分支学科的发展，而且，对哲学、社会学、法学等社会科学，都提供了丰富的自然科学内容。例如遗传物质的起源和进化，以及遗传信息表达的研究，对阐明物质世界的统一性以及对立统一规律，增添了许多遗传学方面的内容。遗传学的研究，还为社会学中的人口理论、环境保护以及风俗民情的评价等，提供了客观的科学依据。此外，还能为法学中的婚姻法、刑法、民事诉讼法、医药卫生保健法、环境保护法等法律的建立、实施以及宣传教育等，提供了可靠的科学资料。

遗传学对人的科学世界观形成也具有重要影响。一个人自有意识开始就逐步形成了对宇宙和对自己在宇宙中所处位置的不同世界观。这种世界观就体现了一个人的个性，它支配着人的行为、态度和生活准则，决定人的本质、甚至人类社会的性质。任何新学问都必须适应这种世界观，或者说一个人的世界观必须与事物发展的客观规律相适应。对新学问无知或拒绝接受必然会导致偏执偏见。遗传学已经为我们提供了不少有影响的新概念，基本上改变了人类本身对人的属性的认识以及人与宇宙中其他事物的关系的认识。

遗传学影响世界观转变的最好例子是生命的起源与进化。遗传学各个分支学科的研究表明，人类在起源上不仅与类人猿和其他动物有共同的祖先，而且还与地球上其他所有生物包括植物、真菌和细菌都有一定亲缘关系。所有生物都采用相似的机制贮存和表达遗传信

息,它们在许多结构特征甚至基因的结构方面存在一定的同源性。这种生物界各种生物之间都存在亲缘关系的思想把人和其他生物联系在一起,从根本上影响了人的世界观。它表明人类并不是天地万物的中心,只是各种生命形式中的一种。因此,遗传学迫使我们思考人类如何认识自己的一系列问题。

遗传学和进化论有着不可分割的关系。遗传学是研究生物上、下代或少数几代的遗传和变异,进化论则是研究千万代或更多世代的遗传和变异。所以,进化论必须以遗传学为基础。随着分子遗传学的发展,对遗传物质结构和功能的进一步了解,对它与蛋白质合成的关系也愈来愈清楚,这就有可能精确地探讨生物遗传和变异的本质,从而了解各种生物在进化史上的亲缘关系及其形成过程,真正认识生物进化的遗传机理。因此,分子遗传学的发展与达尔文的进化论相比拟,可以说是生物科学中又一次巨大的变革。

(二)遗传学研究的实践意义

遗传学是一门在农业生产育种实践中发展起来的科学,当遗传学的基本原理应用于农业生产的育种实践后,它反过来又大大推动了农业生产的发展。

例如甜菜是制糖工业的重要原料,1747 年甜菜中的含糖量还不到 2%;19 世纪 20 年代通过选育,甜菜的含糖量增加到 5%～7%;到 1858 年,甜菜的含糖量又增加到 14%;现在,优良甜菜品种的含糖量已高达 20%以上。玉米是一种重要的粮食和饲料,在 20 世纪 20 年代,自从美国开始应用杂种优势这一遗传学原理指导玉米的育种工作以来,使玉米取得了显著的增产效益。在上个世纪 30 年代早期,玉米的平均亩产量仅为 93 千克;到了 40 年代末,玉米的亩产量提高到 140 千克;而在 80 年代早期,玉米的平均亩产量已上升到 423 千克;事实上,玉米的最高亩产量已达 933 千克。在普通小麦中引进了抗倒伏的矮化耐肥基因后,使墨西哥的小麦产量提高了一倍以上,从而使墨西哥由粮食进口国,一跃而成为小麦出口国。与此同时,通过杂交培育出的抗倒伏矮杆耐氮肥水稻品种,使水稻的产量增加了 50%以上。

又如一头本地普通黄牛的年产乳量一般不超过 400 千克,而一头高产的乳牛年产乳量可超过 10000 千克,平均每天的泌乳量约为 30 千克,相当于 25 头普通黄牛产乳量的总和。如果把现代的乳牛和肉牛与早期的野牛相比,那么,不难看出已经发生了显著的变化。这是根据人类的需要长期培育的结果。

通过杂交育种,不仅能够提高产量,还能改善品质。例如在上个世纪 60 年代,普通玉米中蛋白质的平均含量大约为 10%,其中,对人体和动物很有价值的一些必需氨基酸的含量很少。而人工培育出的一种暗色玉米,不仅含有较高的对人和动物都有营养价值的谷蛋白,而且,赖氨酸的含量比普通玉米高 50%～60%。如果用这种玉米喂小猪,那么,它比吃普通玉米的小猪,其生长速度要快三倍半,同时,单位体重所消耗的赖氨酸的玉米量,只是普通玉米量的一半。

70 年代兴起的单倍体育种法在缩短育种年限,增加有利基因表现频率,快速培育自交系以及改良马铃薯育种方法等方面均发挥了较大的作用。

80 年代遗传工程技术的发展为人工创造变异,定向改变植物遗传性提供了新的方法,培育出了抗除草剂、抗虫、抗病毒、高蛋白质含量的农作物新品种。如通过基因工程将豆科中的固氮基因引入禾本科植物中,将各种优质、高产、抗病的基因引进栽培植物中,从而更大程度地满足人类社会对农作物产品日益增长的需要。又如利用苏云金杆菌的内毒素基因转化许多经济与粮食作物(如棉花、玉米、水稻等),现已培育出一些对某些害虫有抗性的杀虫转基因植株,并进行大面积商品化生产,产生了巨大的经济和社会效益。

【知识拓展】

苏云金杆菌

在微生物王国中,有一大批灭虫勇士。千百年来,它们悄悄地帮助人类杀灭害虫,保护庄稼。然而,它们的功绩直到近百年来才被人们发现。

苏云金杆菌,又称苏云金芽孢杆菌,英文名称:Bacillus thuringiensis。为了方便都将B.T.写成 BT 或 Bt,故 Bt 即苏云金杆菌的简称。

Bt 于 1901 年由日本细菌学家石渡繁胤(Ishiwata)首先在受病害的蚕蛾中发现,但是当时没有保存下来。1911 年,德国人贝尔奈(Berliner)从德国苏云金省这个地方的一家面粉厂里的地中海粉螟上又重新分离到一种有很强杀虫力的细菌,并正式定名为苏云金芽孢杆菌(Bacillus thuringiensis,Bt.)。从 20 世纪 20 年代起,Bt 就得到大规模生产并被用来防治欧洲玉米螟,但直到 1950 年,人们才了解 Bt 杀虫活性完全由它在芽孢形成时产生的晶体蛋白所决定。

苏云金杆菌杀虫剂是利用苏云金杆菌杀虫菌经发酵培养生产的一种微生物制剂。苏云金杆菌在自然状态下以一种生物细菌的形式生存于土壤及水中。这种杀虫菌在生长发育过程中产生芽孢并形成一种蛋白质毒素,在显微镜下观察,通常是不规则的菱形结晶,叫做伴孢晶体。

内毒素可以破坏害虫的消化道,引起食欲减退,行动迟缓、呕吐、腹泻;而芽孢能通过破损的消化道进入血液,在血液中大量繁殖而造成败血症,最终使害虫一命呜呼。苏云金杆菌长得像根棍棒,矮矮胖胖,身高不到 5‰毫米。当它长到一定阶段,身体一端会形成一个卵圆形的芽孢,用来繁殖后代;另一端便产生一个菱形或近似正方形的结晶体,因为它与芽孢相伴而生,我们叫它伴孢晶体,有很强的毒性。当害虫咬嚼庄稼时,同时把苏云金杆菌吃进肚去,这就像孙悟空钻进铁扇公主的肚子里去一样,在害虫的肚子里大显威风。它的伴孢晶体含有的苏云金杆菌的发现,为人们利用微生物消灭植物病虫害提供了美好的前景。现在,人们已经用发酵罐大规模地生产苏云金杆菌,经过过滤、干燥等过程制成粉剂或可湿剂、液剂,喷洒到庄稼上,对棉铃虫、菜青虫、毒蛾、松毛虫,以及玉米螟、高粱螟、三化螟等 100 多种害虫有不同的致病和毒杀作用。

当害虫蚕食了伴孢晶体和芽孢之后,在害虫的肠内碱性环境中,伴孢晶体溶解,释放出对鳞翅目幼虫有较强毒杀作用的毒素。这种毒素使幼虫的中肠麻痹,呈现中毒症状,食欲减退,对接触刺激反应失灵,厌食、呕吐、腹泻,行动退缓,身体萎缩或卷曲。一般对作物不再造成危害,经一段发病过程,害虫肠壁破损,毒素进入血液,引起败血症而死亡。

在发酵工业的生产中,优质、高产菌株的选育,对产品的产量和质量的关系极为重要。现以抗菌素的生产为例,青霉素和链霉素的发现与使用,使人类的平均寿命延长了 20～30岁。在青霉素和链霉素的生产早期,它们的产量都很低,通过遗传诱变选育出高产的菌株,使青霉素、链霉素的产量提高了数百倍。

随着遗传工程的出现,发酵工业发生了前所未有的变革,人类已能将高等生物的基因导入细菌之中,然后通过细菌发酵生产出高等生物基因的产物。例如用大肠杆菌发酵生产出人的生长激素释放抑制因子。在9升大肠杆菌发酵液中,就获得了5毫克人的生长激素释放抑制因子,约等于从50万头羊脑中提取的总产量。这是第一个获得成功的实例。

遗传学研究的进展也同样给医学带来巨大进步。现在知道,人类大量疾病都有某些遗传基础,其中有许多都是由于单个碱基的突变或某种特殊的染色体畸变所造成的。如镰状细胞贫血症、胎儿成红细胞瘤、囊性纤维化、血友病、肌肉萎缩症、泰—萨二氏病及唐氏综合征(唐氏先天愚症)等都是一些遗传性疾病。了解这些疾病的遗传学基础就可为诊断和治疗提供理论依据。例如,唐氏综合症已被确定是人的第21号染色体多了一条所造成的,孕妇随年龄增加,所孕胎儿患这种疾病的概率也明显增加。有这方面家族病史的孕妇和大龄孕妇可到医院做产前检查,如果胎儿染色体有上述特征,就可预期未来新生儿将是先天愚型患者。因此,孕妇可以通过遗传学咨询(genctic counseling)了解到胎儿患遗传疾病的情况,然后再作出合理决定。

癌症是威胁生命的一种严重疾病,彻底治疗癌症在很大程度上依赖于应用遗传学的研究进展。已知在动物中,某些病毒如反转录病毒能够传播某些癌症,所有反转录病毒都有一组控制宿主细胞分裂的癌基因。虽然目前尚未发现反转录病毒与传播人体癌症有关,但已知人体的正常细胞都含有原癌基因,其结构与反转录病毒癌基因的结构非常相似。有证据表明,病毒的癌基因可能起源于正常细胞的原癌基因。特别重要的是,现在已经知道了正常细胞的原癌基因可以突变成细胞癌基因,当原癌基因发生突变以后,含有细胞癌基因的细胞便失去控制,进行无控制的细胞分裂,从而导致癌症。现在许多科学家正在对原癌基因及由其衍生的细胞癌基因进行广泛研究,相信在不久的将来,癌症是完全可以征服的。

艾滋病又称为获得性免疫缺损综合症(Acquired immundeficiency syndrome, AIDS)。同癌症不同的是,它是由一种称为人体免疫缺损病毒(HIV)的反转录病毒引起的。艾滋病毒只侵染人体的两种白细胞。一种是称为Th细胞的淋巴细胞,病毒侵入Th淋巴细胞并将其杀死,从而使患者部分丧失免疫功能。另一种受侵染的细胞是巨噬细胞,艾滋病毒只在其内繁殖,但不破坏这种宿主细胞。艾滋病难以治疗的一个主要原因是艾滋病毒将其遗传信息插入到宿主细胞的染色体上,形成原病毒,作为宿主细胞染色体的一部分随细胞染色体进行复制并被传递到子细胞之中。原病毒还有一个重要特征是在受感染细胞内合成病毒基因产物和产生子代病毒粒子。随着对艾滋病毒的侵染和致病机制的遗传学基础研究的深入发展,我们相信,在艾滋病的预防和治疗方面不久将会有重大突破。

遗传学在医学上应用的另一个重要方面是免疫遗传学。在由病原微生物引起的疾病的防治、输血以及器官移植中都要应用这方面的知识。在这方面应用最成功的例子之一是通过接种牛痘病毒疫苗,预防人体天花病毒的传播。现在人类已经根绝了天花病的发生。在器官移植方面,通过使用免疫抑制药物,移植包括心脏、肝、肾和肺等器官成功的实例越来越多。

目前,科学家可从任何生物中分离出对人类有益的基因,并能够将分离到的基因插入到一种小的、能够自动复制的染色体外遗传结构如细菌质粒或病毒DNA上,之后将这种人工重组的DNA导入衍生细胞如细菌、酵母等细胞内,也能够对这类含有重组DNA的生物进行大容量培养,最后分离和纯化所要的基因。科学家还能够将基因连接到某种特殊调节信号上,使基因在细菌、植物或动物中正确表达。在某些情况下,还可将基因限制在高等植物和动物的某些特殊组织或细胞中表达。简言之,科学家可以按照自己的意愿将基因切割下来和将其间任何来源的 DNA 分子连接在一起,最后再将其导入细胞中,并使之按照人类的要求进行表达。

遗传学知识和遗传学技术还可用于公安司法部门的取证。人体的指纹特征是受遗传控制的,采用人体指纹鉴定对确定犯罪嫌疑人具有很高的可靠性。若采用人体的 DNA 指纹分析,其可靠性程度又比常规指纹鉴定高出许多倍。DNA 指纹是指由一组 DNA 序列特异性的内切核酸酶切割所产生的一组特殊的 DNA 片段。由于人体基因组大约含有 3×10^9 个核苷酸对,因此除了由同一受精卵通过卵裂形成的双胞胎以外,世界上几乎不存在任何在 DNA 指纹上完全相同的个体。因此,DNA 指纹分析对鉴定亲子关系、强奸、凶杀以及其他犯罪方面就是一种特别有效的手段。现在只要获取极微量的组织样品,如血液、精液甚至一根头发,就可以进行 DNA 指纹分析,甚至植物 DNA 指纹分析也可用于刑事案件的侦破。

四、遗传学研究的未来发展趋势

随着基因组学、蛋白质组学的兴起与快速发展,不但为遗传学的发展注入了新的内容,同时对遗传学的研究方法与新学科的诞生产生了重要影响。纵观近年来生物学的研究热点与重要事件,遗传学研究呈现出以下两方面的未来发展趋势。

第一方面是在研究内容上增加了表观遗传学的内容。表观遗传学被定义为"在基因组序列不变的情况下,可以决定基因表达与否并可稳定遗传下去的调控密码"。这些密码包括 DNA 的"后天性"修饰(如甲基化修饰)、组蛋白的各种修饰等。与经典遗传学以研究基因序列决定生物学功能为核心相比,表观遗传学主要研究这些"表观遗传密码"的建立和维持的机制,及其如何决定细胞的表型和个体的发育。因此,表观遗传密码构成了基因(DNA 序列)和表型(由基因表达谱式和环境因素所决定)间的关键信息界面,它使经典的遗传密码中所隐藏的信息产生了意义非凡的扩展。

表观遗传学的研究将有助于我们回答这样一些问题:什么机制导致同一个细胞内的等位基因(DNA 序列完全相同)发生了功能上的差异?这种差异机制是如何建立?又是如何在连续的细胞传代中维持下去的?从一个单个受精卵发展成人体中 200 多种不同类型细胞的过程中 DNA 的序列也是不变的,这一过程被认为主要受"表观遗传密码"的调控,这一密码是什么?从根本上说,这些问题的解答将推动人类对生命进化理论认识的深化和革新。

近年来,各国政府都非常重视这方面的研究,投入大量的人力、物力和财力进行系统而深入的研究,并已取得重要进展。欧盟早在 1998 年就启动了解析人类 DNA 甲基化谱式的研究计划"表观基因组学计划",以及旨在阐明基因的表观遗传谱式建立和维持机制的"基因组的表观遗传可塑性研究计划"。目前,美国癌症研究联合会和世界卫生组织里昂抗癌中心正在筹备两个与疾病相关的"表观遗传组学研究计划"。不久前,美国国立卫生研究院利用由"路标计划"管理的新基金,启动了"表观基因组学研究计划",一批表观遗传学项目和研究人员将获得数百万到上千万美元的经费支持。我国科技部于 2005 年启动在表观遗传学方面的研究工作,启动了"肿瘤和神经系统疾病的表观遗传机制"的"973"计划研究项目,重点在于探讨肿瘤和神经系统疾病发病过程中的表观遗传学机制。2008 年 7 月,我国基础研究最高机构——国家自然科学基金委员会还专门召开了以"表观遗传学"为主题的论坛,组织我国表观遗传学领域有代表性的专家进行研讨,为自然科学基金委员会在表观遗传学领域的重大项目投入进行前期准备。

目前，我国在表观遗传学的研究至少涵盖了 DNA 的甲基化修饰与功能、组蛋白的表观修饰与功能、癌症和神经疾病的表观遗传调控、染色质重塑、结构与功能等重要领域，部分研究小组在表观遗传学领域取得了可喜的进展，多项研究成果在包括《Cell》、《Nature》等在内的国际权威学术刊物上发表。其中，有代表性的工作包括：中国科学院院士、上海生命科学研究院裴钢率领的研究组开展了肾上腺激素受体 GPCR 与表观遗传调控的研究；孙方霖教授领导的研究组发现了不少表观遗传调控的差异，并研究了组蛋白和表观遗传蛋白对染色质高级结构的调控等。

【知识拓展】

Nature 自然

出版：英国 MacMillan. Ltd

创刊：1869 年

刊期：周刊

定位：兼顾学术期刊和科学杂志，即科学论文具较高的新闻性和广泛的读者群。论文不仅要求具有"突出的科学贡献"，还必须"令交叉学科的读者感兴趣"。

自然出版集团（Nature Publishing Group）出版的 Nature 系列刊物有三类：

※综述性期刊，对重要的研究工作进行综述评论；

※研究类期刊，以发表原创性研究报告为主；

※临床医学类期刊，对医学领域重要的研究进展做出权威性解释，并促进最新的研究成果转变为临床实践。

英国著名杂志《Nature》是世界上最早的国际性科技期刊，自从 1869 年创刊以来，始终如一地报道和评论全球科技领域里最重要的突破。其办刊宗旨是"将科学发现的重要结果介绍给公众……让公众尽早知道全世界自然知识的每一分支中取得的所有进展"。《Nature》网站涵盖的内容相当丰富，提供 1997 年 6 月到最新出版的《Nature》杂志的全部内容，以及其姊妹刊物《Nature》出版集团（The Nature Publishing Group）出版的 8 种研究月刊、6 种评论杂志、2 种工具书。

同时，国内从事表观遗传学研究的队伍也在壮大。随着研究的不断深入，相信一些从事人类重大疾病研究、干细胞研究、体细胞重编程研究、衰老研究、神经科学研究等的科学家都将加入到这个领域，因为这些科学问题的分子机制都离不开表观遗传调控。

目前，表观遗传学虽然已取得一些重要进展，但许多重大的关键问题仍然有待突破。在未来的 5～10 年中，表观遗传学的研究将主要围绕这样一些主题展开：在表观遗传的机制与功能方面，表观遗传信息的建立和维持、表观遗传修饰、与表观遗传调控相关的非编码 RNA 的研究仍将持续相当一段时间；如何将细胞信号网络与表观遗传修饰、染色质重塑乃至基因表达等不同层面调控网络整合，深入认识从信号到表观遗传调控乃至个体生长、发育和对环境适应的分子机理，都是需要解决的重要问题。

表观遗传学在重大医学问题的研究上，将着力弄清表观遗传在干细胞分化与组织再生

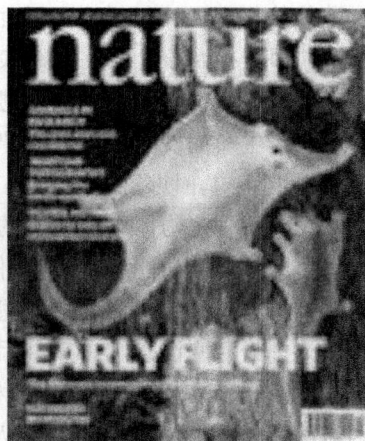

过程中的作用机制;表观遗传如何调控学习和记忆能力;表观遗传密码与寿命的关系;表观遗传在重大疾病发生发展中的作用;表观遗传机制在 DNA 损伤与修复过程中的功能;表观遗传在不同性别中的作用差异,等等。

另一方面,在研究方法与手段上,反向遗传学已渗透到各个遗传学分支,并产生重大影响。经典遗传学的认知路线是由表及里,即通过杂交、自交、测交等技术与手段观察表型性状的变化而推知遗传基因的存在与变化。随着分子生物学及相关实验技术的发展,遗传物质已经能够在分子水平上进行操作,有目的地对 DNA 进行重组或者定点突变(in vitro site-directed mutagenesis)等。因此,现代遗传学中就出现了另一条由里及表的认知路线,即通过 DNA 重组等技术有目的地、精确地改造基因的精细结构以确定这些变化对表型性状的直接影响。由于这一认知路线与经典遗传学刚好相反,故将这个新的领域作为遗传学的另一个分支学科,称为反向遗传学。如将报告基因(reporter gene),即编码易于检测的蛋白质或酶的某些基因,分别与某些待测的 DNA 片段重组,转染合适的细胞,通过测定报告基因的产物即可推断该片段在基因表达调控中的作用。

反向遗传学是相对于经典遗传学而言的。经典遗传学是从生物的性状、表型到遗传物质来研究生命的发生与发展规律。而反向遗传学则是在获得生物体基因组全部序列的基础上,通过对靶基因进行必要的加工和修饰,如定点突变、基因插入/缺失、基因置换等,再按组成顺序构建含生物体必需元件的修饰基因组,让其装配出具有生命活性的个体,研究生物体基因组的结构与功能,以及这些修饰可能对生物体的表型、性状有何种影响等方面的内容。与之相关的研究技术称为反向遗传学技术。下面是实验室中常用的几种反向遗传学方法。

通过灭活基因确定未知基因功能。即采用实验技术在分子水平上灭活特定基因,然后从整体上观察表型改变,可推测相应基因的功能。灭活特定基因的方法有以下几种。(1)基因敲除(gene knockout):早期,人们用基因敲除将一个结构已知但功能未知的基因剔除,或用其他顺序相近基因取代,然后从表型改变推测相应基因的功能。比如 Mota 等通过基因敲除技术研究 TRAP 基因在伯氏与约氏疟原虫中的功能及其差异。传统的基因敲除方法虽然可以确定一些基因的功能,但存在技术要求高、操作过程烦琐、花费大等方面的弱点,在一定程度上限制了它的广泛应用。(2)反义 RNA(antisense RNA):反义 RNA 作为反向遗传学的另一种方法,曾广泛应用于研究基因功能,至今在基因功能鉴定上仍发挥着作用。Yao 等利用反义 RNA 下调基因表达,分析了利什曼原虫表面蛋白水解酶的重要作用。但是用反义 RNA 关闭基因表达具有作用较弱等缺点。(3)RNA 干扰(RNA interference,RNAi):外源和内源性双链 RNA 在细胞内诱导同源序列的基因表达受到抑制的现象称为RNA 干扰,是 1998 年由 Fire 首次发现并命名的转录后水平的基因沉默,是《Science》和《Nature》评出的 2002 年度最重要的科技成果之一。RNAi 技术是反向遗传学研究的重要手段,其在抗病毒、稳定转座子和参与胚胎发育等方面具有重要的生物学功能。在功能基因组的研究中,需要对特定基因进行功能丧失或降低的突变以确定其功能。由于 RNAi 具有高度的序列专一性,可以特异地使特定基因沉默,从而获得功能丧失或降低的突变。因此,RNAi 可作为功能基因组研究的强有力的手段。与目前基因治疗中常用的方法如反义RNA 技术或转入没有功能的突变体相比,RNAi 对基因表达的抑制具有高效、特异、简便易行的特点。因此,RNAi 在人类功能基因组研究和疾病治疗上也有很大的应用潜力。在植物中,RNAi 不仅作为一种防御机制,而且在植物发育过程中,通过使 DNA 甲基化或使染色质结构改变等参与内源基因的表达调控。

总之,随着生命科学研究的不断深入,人们将揭示许多有关生命本质的重要内容,如生长发育、衰老、新陈代谢、进化等,遗传学将在上述问题的探索与解决上发挥越来越重要的作用。

【知识拓展】

《科学》杂志

英文名:Science Magazine,是发表最好的原始研究论文以及综述和分析当前研究和科学政策的同行评议的期刊。

该杂志于 1880 年由爱迪生投资 1 万美元创办,1894 年成为美国最大的科学团体"美国科学促进会"——American Association for the Advancement of Science(AAAS)的官方刊物。全年共 51 期,为周刊,全球发行量超过 150 万份。

多数科技期刊都要向读者收取审稿、评论、发表的相关费用。但《科学》杂志发表来稿是免费的。其杂志的资金来源共有三部分:AAAS 的会员费;印刷版和在线版的订阅费;广告费。

《科学》杂志属于综合性科学杂志,它的科学新闻报道、综述、分析、书评等部分,都是权威的科普资料,该杂志也适合一般读者阅读。"发展科学,服务社会"是 AAAS,也是《科学》杂志的宗旨。

在全球,《科学》杂志的主要对手为英国伦敦的《自然》杂志,该杂志创办于 1869 年,曾发表了大量的达尔文、赫胥黎等大师的文章。21 世纪的前 4 年中,二者为率先发表人类基因排列的图谱而激烈竞争。

《科学》杂志的主编唐纳德·科尼迪毕业于哈佛大学,博士学位,为斯坦福大学第八任校长,著名的环境科学教授。

【合作讨论】

1.为什么说遗传、变异和选择是生物进化和新品种选育的三大因素?

2.遗传学的发展史给我们什么样的启示?

3.表观遗传学与经典遗传学的区别?

4.未来遗传学有哪些研究热点? 这些热点的阐明对于人类发展具有什么样的重要意义?

5.遗传学对于生物科学、生产实践的指导作用。

第四章　分子生物学与基因工程导论

知识目标：
　　掌握分子生物学与基因工程的整体框架；
　　掌握分子生物学与基因工程领域的基本特点；
　　掌握分子生物学发展历程中的里程碑事件及主要内容；
　　了解分子生物学与基因工程的未来发展趋势与应用前景。
能力目标：
　　具备从事基因工程与分子生物学研发及相关工作的能力；
　　培养学生的自学能力、分析问题能力；
　　培养学生一定的科学精神与创新能力。

　　分子生物学与基因工程是当今生物科学研究中发展最活跃的学科之一。近年来人们在人类基因组计划、功能基因的克隆与分析、重组 DNA 技术、分子疫苗开发、基因诊断与治疗等领域中取得了许多令人瞩目的成果,分子生物学和基因工程已不单单成为生物学的基础知识,而且已成为生物科学未来发展的优先研究领域与技术,它决定着整个生命科学研究的发展方向。本章节对分子生物学与基因工程的研究现状与发展趋势进行简要的阐述。

一、分子生物学与基因工程的含义及主要研究内容

　　分子生物学是从分子水平研究生命本质的一门新兴边缘学科,它以核酸和蛋白质等生物大分子的结构及其在遗传信息和细胞信息传递中的作用为研究对象,是当前生命科学中发展最快并正在与其他学科广泛交叉与渗透的重要前沿领域。偏重于核酸的分子生物学,主要研究基因或 DNA 的复制、转录、表达和调节控制等过程,其中也涉及与这些过程有关的蛋白质和酶的结构与功能的研究。分子生物学的发展为人类认识生命现象带来了前所未有的机会,也为人类利用和改造生物创造了极为广阔的前景。所谓在分子水平上研究生命的本质主要是指对遗传、生殖、生长和发育等生命基本特征的分子机理的阐明,从而为利用和改造生物奠定理论基础和提供新的手段。这里的分子水平指的是那些携带遗传信息的核酸和在遗传信息传递及细胞内、细胞间通讯过程中发挥着重要作用的蛋白质等生物大分子。这些生物大分子均具有较大的分子量,由简单的小分子核苷酸或氨基酸排列组合以蕴藏各种信息,并且具有复杂的空间结构以形成精确的相互作用系统,由此构成生物的多样化和生

物个体精确的生长发育及代谢调节控制系统。阐明这些复杂的结构及结构与功能的关系是分子生物学的主要任务。

而基因工程是分子生物学的重要内容,也是理论部分的延伸与实践,也叫基因操作、遗传工程,或重组体 DNA 技术。它是一项将生物的某个基因通过基因载体运送到另一种生物的活性细胞中,并使之无性繁殖(称之为"克隆")和行使正常功能(称之为"表达"),从而创造生物新品种或新物种的遗传学技术。一般说来,基因工程专指用生物化学的方法,在体外将各种来源的遗传物质(同源的或异源的、原核的或真核的、天然的或人工合成的 DNA 片段)与载体系统(病毒、细菌质粒或噬菌体)的 DNA 结合成一个复制子。这样形成的杂合分子可以在复制子所在的宿主生物或细胞中复制,继而通过转化或转染宿主细胞、生长和筛选转化子,无性繁殖使之成为克隆。然后直接利用转化子,或者将克隆的分子自转化子分离后再导入适当的表达体系,使重组基因在细胞内表达,产生特定的基因产物。

根据分子生物学的定义与含义,其研究内容主要包括以下三个方面:(1)核酸的分子生物学:主要研究核酸的结构及其功能。由于核酸的主要作用是携带和传递遗传信息,因此分子遗传学(molecular genetics)是其主要组成部分。由于 20 世纪 50 年代以来的迅速发展,该领域已形成了比较完整的理论体系和研究技术,是目前分子生物学内容最丰富的一个领域。研究内容包括核酸/基因组的结构、遗传信息的复制、转录与翻译,核酸存储的信息修复与突变,基因表达调控和基因工程技术的发展和应用等。遗传信息传递的中心法则(central dogma)是其理论体系的核心。(2)蛋白质的分子生物学:主要研究执行各种生命功能的主要大分子——蛋白质的结构与功能。尽管人类对蛋白质的研究比对核酸研究的历史要长得多,但由于其研究难度较大,与核酸分子生物学相比发展较慢。近年来虽然在认识蛋白质的结构及其与功能关系方面取得了一些进展,但是对其基本规律的认识尚缺乏突破性的进展。(3)细胞信号转导的分子生物学:主要研究细胞内、细胞间信息传递的分子基础。构成生物体的每一个细胞的分裂与分化及其他各种功能的完成均依赖于外界环境所赋予的各种指示信号。在这些外源信号的刺激下,细胞可以将这些信号转变为一系列的生物化学变化,例如蛋白质构象的转变、蛋白质分子的磷酸化以及蛋白与蛋白相互作用的变化等,从而使其增殖、分化及分泌状态等发生改变以适应内外环境的需要。信号转导研究的目标是阐明这些变化的分子机理,明确每一种信号转导与传递的途径及参与该途径的所有分子的作用和调节方式以及认识各种途径间的网络控制系统。信号转导机理的研究在理论和技术方面与上述核酸及蛋白质分子有着紧密的联系,是当前分子生物学发展最迅速的领域之一。

二、分子生物学与基因工程的发展历程

根据历史事件及其在分子生物学与基因工程领域中的重要性,分子生物学与基因工程的发展历程可人为地分成以下三个阶段:

(一)准备和酝酿阶段

19 世纪后期到 20 世纪 50 年代初,是现代分子生物学诞生的准备和酝酿阶段。在这一阶段产生了两点对生命本质认识上的重大突破:

1. 确定了蛋白质是生命的主要基础物质

19 世纪末,Buchner 兄弟证明酵母无细胞提取液能使糖发酵产生酒精,第一次提出酶

(enzyme)的名称，酶是生物催化剂。20 世纪 20—40 年代提纯和结晶了一些酶(包括尿素酶、胃蛋白酶、胰蛋白酶、黄酶、细胞色素 C、肌动蛋白等)，证明酶的本质是蛋白质。随后陆续发现生命的许多基本现象(物质代谢、能量代谢、消化、呼吸、运动等)都与酶和蛋白质相联系，可以用提纯的酶或蛋白质在体外实验中重复出来。在此期间对蛋白质结构的认识也有较大的进步。1902 年，EmilFisher 证明蛋白质结构是多肽；40 年代末，Sanger 创立二硝基氟苯(DNFB)法、Edman 发展异硫氰酸苯酯法分析肽链 N 端氨基酸；1953 年，Sanger 和 Thompson 完成了第一个多肽分子——胰岛素 A 链和 B 链的氨基酸全序列分析。由于结晶 X-射线衍射分析技术的发展，1950 年 Pauling 和 Corey 提出了 α-角蛋白的 α-螺旋结构模型。所以在这一阶段对蛋白质一级结构和空间结构都有了认识。

2.确定了生物遗传的物质基础是 DNA

虽然 1868 年 Miescher 就发现了核素(nuclein)，但是在此后的半个多世纪中并未引起重视。20 世纪 20—30 年代已确认自然界有 DNA 和 RNA 两类核酸，并阐明了核苷酸的组成。由于当时对核苷酸和碱基的定量分析不够精确，得出 DNA 中 A、G、C、T 含量是大致相等的结果，因而曾长期认为 DNA 结构只是"四核苷酸"单位的重复，不具有多样性，不能携带更多的信息，当时对携带遗传信息的候选分子更多的是考虑蛋白质。40 年代以后实验的事实使人们对核酸的功能和结构两方面的认识都有了长足的进步。1944 年，Avery 等证明了肺炎球菌转化因子是 DNA；1952 年，Hershey 和 Chase 用 DNA^{35}S 和^{32}P 分别标记 T2 噬菌体的蛋白质和核酸，感染大肠杆菌的实验进一步证明了是遗传物质。在对 DNA 结构的研究上，1949—1952 年 Furbery 等的 X-衍射分析阐明了核苷酸并非平面的空间构像，提出了 DNA 是螺旋结构；1948—1953 年，Chargaff 等用新的层析和电泳技术分析组成 DNA 的碱基和核苷酸量，积累了大量的数据，提出了 DNA 碱基组成 A＝T、G＝C 的 Chargaff 规则，为碱基配对的 DNA 结构认识打下了基础。

【知识拓展】

英国生物化学家弗雷德·桑格尔(Fred(Frederick) Sanger)，1918 年 8 月 13 日出生，分别获得 1958 年和 1980 年诺贝尔化学奖。他是同一领域内两次获奖的第二人，更关键的是，两次获奖理由都可归结为：测序。并且，他是目前唯一在世的两次获得诺贝尔奖的人。

1958：弗雷德·桑格尔发明酶法测定人胰岛素序列，从而确定胰岛素的分子结构，开创了蛋白质测序的领域。

1980：弗雷德·桑格尔、沃尔特·吉尔伯特共同荣获诺贝尔化学奖。他们的贡献在于：分别使用不同的方法测定 DNA 的序列。Sanger 法后来成为主流，并用于人类基因组计划(HGP)的测序。

【知识拓展】

美国化学家莱纳斯·鲍林(Linus Pauling,1901—1994)，分别荣获 1954 年诺贝尔化学奖和 1962 年诺贝尔和平奖。他是目前为止唯一一个两次单独获得诺贝尔奖的人。

1954：莱纳斯·鲍林独享诺贝尔化学奖。他的贡献在于阐释化学键的本质,并将其应用于解释复杂物质的结构。

1962：莱纳斯·鲍林独享诺贝尔和平奖。他的事迹是,反对核武器实验、核武器扩散、核武器使用。诺贝尔奖委员会评价为:"Linus Carl Pauling, who ever since 1946 has campaigned ceaselessly, not only against nuclear weapons tests, not only against the spread of these armaments, not only against their very use, but against all warfare as a means of solving international conflicts."

(二)建立和发展阶段

这一阶段是从 50 年代初到 70 年代初,以 1953 年 Watson和 Crick 提出的 DNA 双螺旋结构模型作为现代分子生物学诞生的里程碑开创了分子遗传学基本理论建立和发展的黄金时代。DNA 双螺旋发现的最深刻意义在于:确立了核酸作为信息分子的结构基础;提出了碱基配对是核酸复制、遗传信息传递的基本方式;从而最后确定了核酸是遗传的物质基础,为认识核酸与蛋白质的关系及其在生命中的作用打下了最重要的基础。在此期间的主要进展包括:

1.遗传信息传递中心法则的建立

在发现 DNA 双螺旋结构的同时,Watson 和 Crick 就提出 DNA 复制的可能模型。其后在 1956 年 Kornberg 首先发现 DNA 聚合酶;1958 年 Meselson 及 Stahl 用同位素标记和超速离心分离实验为 DNA 半保留复制模型提出了证明;1968 年 Okazaki(冈崎)提出 DNA 不连续复制模型;1972 年证实了 DNA 复制开始需要 RNA 作为引物;70 年代初获得 DNA 拓扑异构酶,并对真核 DNA 聚合酶特性做了分析研究;这些都逐渐完善了对 DNA 复制机理的认识。

在研究 DNA 复制将遗传信息传给子代的同时,提出了 RNA 在遗传信息传到蛋白质过程中起着中介作用的假说。1958 年 Weiss 及 Hurwitz 等发现依赖于 DNA 的 RNA 聚合酶;1961 年 Hall 和 Spiege-lman 用 RNA-DNA 杂交证明 mRNA 与 DNA 序列互补;逐步阐明了 RNA 转录合成的机理。

在此同时认识到蛋白质是接受 RNA 的遗传信息而合成的。50 年代初,Zamecnik 等在形态学和分离的亚细胞组分实验中已发现微粒体(microsome)是细胞内蛋白质合成的部位;1957 年,Hoagland、Zamecnik 及 Stephenson 等分离出 tRNA 并对它们在合成蛋白质中转运氨基酸的功能提出了假设;1961 年,Brenner 及 Gross 等观察了在蛋白质合成过程中 mRNA 与核糖体的结合;1965 年,Holley 首次测出了酵母丙氨酸 tRNA 的一级结构;特别是在 60 年代 Nirenberg、Ochoa 以及 Khorana 等几组科学家的共同努力下破译了 RNA 上编码合成蛋白质的遗传密码,随后研究表明这套遗传密码在生物界具有通用性,从而认识了蛋白质翻译合成的基本过程。

上述重要发现共同建立了以中心法则为基础的分子遗传学基本理论体系。1970 年,Temin 和 Baltimore 又同时从鸡肉瘤病毒颗粒中发现以 RNA 为模板合成 DNA 的反转录酶,进一步补充和完善了遗传信息传递的中心法则。

【知识拓展】

詹姆斯·沃森(1928—)Watson,James Dewey,美国生物学家,美国科学院院士。1928 年 4 月 6 日生于芝加哥。1947 年毕业于芝加哥大学,获学士学位,后进印第安纳大学研究生院深造,1950 年获博士学位后去丹麦哥本哈根大学从事噬菌体的研究,1951—1953 年在英国剑桥大学卡文迪什实验室进修,1953 年回国,1953—1955 年在加州理工大学工作,1955 年去哈佛大学执教,先后任助教和副教授,1961 年升为教授。在哈佛期间,主要从事蛋白质生物合成的研究。1968 年起任纽约长岛冷泉港实验室主任,主要从事肿瘤方面的研究。1951—1953 年在英国期间,他和英国生物学家 F.H.C.克里克合作,提出了 DNA 的双螺旋结构学说。这个学说不但阐明了 DNA 的基本结构,并且为一个 DNA 分子如何复制成两个结构相同 DNA 分子以及 DNA 怎样传递生物体的遗传信息提供了合理的说明。它被认为是生物科学中具有革命性的发现,是 20 世纪最重要的科学成就之一。由于提出 DNA 的双螺旋模型学说,沃森和克里克及 M.H.F.威尔金斯一起获得了 1962 年诺贝尔生理学或医学奖。著有《基因的分子生物学》、《双螺旋》等书。此外,他还获得了许多科学奖和不少大学的荣誉学位。

2.对蛋白质结构与功能的进一步认识

1956—1958 年,Anfinsen 和 White 根据对酶蛋白的变性和复性实验,提出蛋白质的三维空间结构是由其氨基酸序列来确定的。1958 年,Ingram 证明正常的血红蛋白与镰刀状细胞溶血症病人的血红蛋白之间,亚基的肽链上仅有一个氨基酸残基的差别,使人们对蛋白质一级结构影响功能有了深刻的印象。与此同时,对蛋白质研究的手段也有改进,1969 年 Weber 开始应用 SDS-聚丙烯酰胺凝胶电泳测定蛋白质分子量;60 年代先后分析了血红蛋白、核糖核酸酶 A 等一批蛋白质的一级结构;1973 年氨基酸序列自动测定仪问世。中国科学家在 1965 年人工合成了牛胰岛素;在 1973 年用 X-衍射分析法测定了牛胰岛素的空间结构,为认识蛋白质的结构作出了重要贡献。

(三)深入发展阶段

70 年代后,以基因工程技术的出现作为新的里程碑,标志着人类深入认识生命本质并能动改造生命的新时期开始。其间的重大成就包括:

1.重组 DNA 技术的建立和发展

分子生物学理论和技术发展的积累使得基因工程技术的出现成为必然。1967—1970 年,Yuan 和 Smith 等发现的限制性核酸内切酶为基因工程提供了有力的工具;1972 年,Berg 等将 SV-40 病毒 DNA 与噬菌体 P22DNA 在体外重组成功,转化大肠杆菌,使本来在真核细胞中合成的蛋白质能在细菌中合成,打破了种属界限;1977 年,Boyer 等首先将人工合成的生长激素释放抑制因子 14 肽的基因重组入质粒,成功地在大肠杆菌中合成得到 14 肽;1978 年,Itakura(板仓)等使人生长激素 191 肽在大肠杆菌中表达成功;1979 年,美国基因技术公司用人工合成的人胰岛素基因重组转入大肠杆菌中合成人胰岛素。至今我国已有人干扰素、人白介素 2、人集落刺激因子、重组人乙型肝炎疫苗、基因工程幼畜腹泻疫苗等多种基因工程药物和疫苗进入生产或临床试用,世界上还有几百种基因工程药物及其他基因工程产品在研制中,成为当今农业和医药业发展的重要方向,将对医学和工农业发展作出新贡献。

转基因动植物和基因剔除动植物的成功是基因工程技术发展的结果。1982年,Palmiter等将克隆的生长激素基因导入小鼠受精卵细胞核内,培育得到比原小鼠个体大几倍的"巨鼠",激起了人们创造优良品系家畜的热情。我国水生生物研究所将生长激素基因转入鱼受精卵,得到的转基因鱼的生长显著加快、个体增大;转基因猪也正在研制中。用转基因动物还能获取治疗人类疾病的重要蛋白质,导入了凝血因子 IX 基因的转基因绵羊分泌的乳汁中含有丰富的凝血因子 IX,能有效地用于血友病的治疗。在转基因植物方面,1994年比普通西红柿保鲜时间更长的转基因西红柿投放市场,1996年转基因玉米、转基因大豆相继投入商品生产,美国最早研制得到抗虫棉花,我国科学家将自己发现的蛋白酶抑制剂基因转入棉花获得抗棉铃虫的转基因植物。到2008年全世界已有1.25亿公顷土地种植转基因植物。

基因诊断与基因治疗是基因工程在医学领域发展的一个重要方面。1991年美国向一患先天性免疫缺陷病(遗传性腺苷脱氨酶 ADA 基因缺陷)的女孩体内导入重组的 ADA 基因,获得成功。我国也在1994年用导入人凝血因子 IX 基因的方法成功治疗了乙型血友病的患者。在我国用作基因诊断的试剂盒已有近百种之多。基因诊断和基因治疗正在发展之中。

这时期基因工程的迅速进步得益于许多分子生物学新技术的不断涌现,包括:核酸的化学合成从手工发展到全自动合成,1975—1977年 Sanger、Maxam 和 Gilbert 先后发明了三种 DNA 序列的快速测定法;90年代全自动核酸序列测定仪的问世;1985年 Cetus 公司 Mullis 等发明的聚合酶链式反应(PCR)的特定核酸序列扩增技术,更以其高灵敏度和特异性被广泛应用,对分子生物学的发展起到了重大的推动作用。

【知识拓展】

保罗·伯格(Paul Berg),1926年出生于美国纽约,父亲是服装制作商。因第二次世界大战期间加入美国海军而中断了宾夕法尼亚州立大学的学业,战争结束后重返大学,1948年从宾夕法尼亚大学毕业,获生物化学学士;1952年获凯斯西部大学生物化学博士。1959年后在斯坦福大学任教。70年代初,伯格与他的同事们利用限制性内切酶将细菌与病毒的基因连接在一起,首次实现用两个不同物种重组 DNA,为基因工程奠定了基础。这一成就在治疗多种遗传性疾病及药物制造方面有巨大的使用价值。1980年获诺贝尔化学奖。

2.基因组研究的发展

目前分子生物学已经从研究单个基因发展到研究生物整个基因组的结构与功能。1977年,Sanger 测定了 ΦX174-DNA 全部5375个核苷酸的序列;1978年,Fiers 等测出 SV-40DNA 全部5224对碱基序列;80年代 λ 噬菌体48502碱基对的 DNA 序列全部测出;一些小的病毒包括乙型肝炎病毒、艾滋病毒等基因组的全序列也陆续被测定；1996年底，许多科学家共同努力测出了大肠杆菌基因组DNA的全序列长4×106碱基对。测定一个生物基因组核酸的全序列无疑对理解这一生物的生命信息及其功能有极大的意义。1990年，人类基因组计划（Human Genome Project，HGP）开始实施，这是生命科学领域有史以来全球性最庞大的研究计划，将在2005年时测定出人基因组全部DNA3×10^9碱基对的序列、确定人类约5～10万个基因的一级结构，这将使人类能够更好地掌握自己的命运。

3.单克隆抗体及基因工程抗体的建立和发展

1975年，Kohler和Milstein首次用B淋巴细胞杂交瘤技术制备出单克隆抗体以来，人们利用这一细胞工程技术研制出多种单克隆抗体，为许多疾病的诊断和治疗提供了有效的手段。80年代以后随着基因工程抗体技术而相继出现的单域抗体、单链抗体、嵌合抗体、重构抗体、双功能抗体等为广泛和有效地应用单克隆抗体提供了广阔的前景。

4.基因表达调控机理

分子遗传学基本理论建立者Jacob和Monod最早提出的操纵元学说打开了人类认识基因表达调控的窗口。在分子遗传学基本理论建立的60年代，人们主要认识了原核生物基因表达调控的一些规律，70年代以后才逐渐认识了真核基因组结构和调控的复杂性。1977年最先发现猴SV40病毒和腺病毒中编码蛋白质的基因序列是不连续的，这种基因内部的间隔区（内含子）在真核基因组中是普遍存在的，揭开了认识真核基因组结构和调控的序幕。1981年，Cech等发现四膜虫rRNA的自我剪接，从而发现核酶（ribozyme）。80—90年代，人们逐步认识到真核基因的顺式调控元件与反式转录因子、核酸与蛋白质间的分子识别与相互作用是基因表达调控根本所在。

5.细胞信号转导机理研究成为新的前沿领域

细胞信号转导机理的研究可以追溯至50年代。Sutherland1957年发现cAMP、1965年提出第二信使学说，是人们认识受体介导的细胞信号转导的第一个里程碑。1977年Ross等用重组实验证实G蛋白的存在和功能，将G蛋白与腺苷环化酶的作用联系起来，深化了对G蛋白偶联信号转导途径的认识。70年代中期以后，癌基因和抑癌基因的发现、蛋白酪氨酸激酶的发现及其结构与功能的深入研究、各种受体蛋白基因的克隆和结构功能的探索等，使近10年来细胞信号转导的研究有了长足的进步。目前，对于某些细胞中的一些信号转导途径已经有了初步的认识，尤其是在免疫活性细胞对抗原的识别及其活化信号的传递途径方面和细胞增殖控制方面等都形成了一些基本的概念，当然要达到最终目标还需相当长时间的努力。

以上简要介绍了分子生物学的发展过程，可以看到在近半个世纪中它是生命科学范围发展最为迅速的一个前沿领域，推动着整个生命科学的发展。至今分子生物学仍在迅速发展中，新成果、新技术不断涌现，这也从另一方面说明分子生物学发展还处在初级阶段。分子生物学已建立的基本规律给人们认识生命的本质指出了光明的前景，但分子生物学的历史还短，积累的资料还不够。例如：在地球上千姿万态的生物携带庞大的生命信息，迄今人类所了解的只是极少的一部分，还未认识核酸、蛋白质组成生命的许多基本规律；又如：即使我们已经获得人类基因组DNA 3×10^9 bp的全序列，确定了人的3～5万个基因的一级结构，但是要彻底搞清楚这些基因产物的功能、调控、基因间的相互关系和协调，要理解90%以上不为蛋白质编码的序列的作用等等，都还要经历漫长的研究道路。因此可以说，分子生物学的发展前景光辉灿烂,道路还会艰难曲折。

【知识拓展】

核酸体外扩增最早的设想

20 世纪 60 年代末、70 年代初人们致力于研究基因的体外分离技术,1971 年,Khorana 及其同事提出:"经过 DNA 变性,与合适引物杂交,用 DNA 聚合酶延伸引物,并不断重复该过程便可克隆 tRNA 基因。"但由于当时很难进行测序和合成寡核苷酸引物,且当时(1970 年)Smith 等发现了 DNA 限制性内切酶,使体外克隆基因成为可能,所以,使 Khorana 等的早期设想被人们遗忘。

聚合酶链反应的发明

直到 1985 年,美国 PE-Cetus 公司的人类遗传研究室 Mullis 等人才发明了具有划时代意义的聚合酶链反应(Polymerase Chain Reaction, PCR),使人们梦寐以求的体外无限扩增核酸片段的愿望成为现实。1993 年,Mullis 等人因发明 PCR 而获得了诺贝尔化学奖。

PCR 技术原理

PCR,Polymerase Chain Reaction,中文译为聚合酶链反应,是实验室广泛应用的体外核酸扩增技术。聚合酶是一种天然产生的酶,一种能催化 DNA 形成和修复的生物大分子。链反应使你要的 DNA 可以指数形式扩增。PCR 扩增能力十分惊人。理论上讲,经 30 次循环反应,便可使 DNA 得到 10^9 倍的增加。

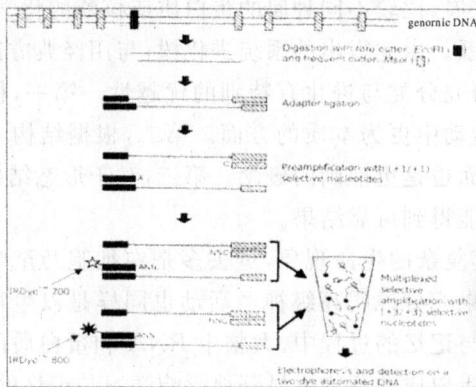

PCR 技术正是模拟体内 DNA 的复制。体内 DNA 复制需要 DNA 双链打开,RNA 聚合酶合成一段引物,DNA 聚合酶利用 dNTP,以亲本 DNA 链为模板,通过碱基配对原则进行复制,得到两份 DNA 拷贝。在体内,DNA 复制只发生在细胞分裂的特定时期,而且只复制一次,有着严格的调控机制,才得以保证子代细胞中均有一份拷贝。而体外的 DNA 扩增可以"随心所欲"。一般意义上,我们可以得到 10^9 拷贝。在高温的条件下,作为模板的 DNA 双链会变性成为单链,当有合适的引物存在时,降低温度,引物就会与模板进行特异性配对,这样,如果再加上 DNA 聚合酶的催化作用,那么利用 dNTP 为原料就可以合成一份拷贝,然后再高温变性,低温退火,延伸,如此循环反复,可以使 DNA 片段以指数倍增加。

所以,我们形象地将 PCR 仪称为"循环烤箱",将加有模板、dNTP、DNA 聚合酶、Mg^{2+} 混合液的试管放入 PCR 仪中,设定程序。标准的 PCR 过程分为三步:1. DNA 变性（$90℃\sim96℃$）:双链 DNA 模板在热作用下,氢键断裂,形成单链 DNA;2. 退火（$25℃\sim65℃$）:系统温度降低,引物与 DNA 模板结合,形成局部双链;3. 延伸（$70℃\sim75℃$）:在 Taq 酶（一种耐高温的 DNA 聚合酶,在 72℃左右具有最佳的活性）的作用下,以 dNTP 为原料,从引物的 $5'$ 端 $\rightarrow 3'$ 端延伸,合成与模板互补的 DNA 链。每一循环经过变性、退火和延伸,DNA 含量即增加一倍。

三、分子生物学与基因工程的应用

(一)理论与科学意义

分子生物学的成就说明,生命活动的根本规律在形形色色的生物体中都是统一的。例如,不论在何种生物体中,都是由同样的氨基酸和核苷酸分别组成其蛋白质和核酸。遗传物质,除某些病毒外,都是 DNA,并且在所有的细胞中都以同样的生化机制进行复制。分子遗传学的中心法则和遗传密码,除个别例外,在绝大多数情况下也都是通用的。

物理学的成就证明,一切物质的原子都由为数不多的基本粒子根据相同的规律所组成,说明了物质世界结构上的高度一致,揭示了物质世界的本质,从而带动了整个物理学科的发展。分子生物学则在分子水平上揭示了生命世界的基本结构和生命活动的根本规律的高度一致,揭示了生命现象的本质。和过去基本粒子的研究带动物理学的发展一样,分子生物学的概念和观点也已经渗入到基础和应用生物学的每一个分支领域,带动了整个生物学的发展,使之提高到一个崭新的水平。

过去生物进化的研究,主要依靠对不同种属间形态和解剖方面的比较来决定亲缘关系。随着蛋白质和核酸结构测定方法的进展,比较不同种属的蛋白质或核酸的化学结构,即可根据差异的程度,来断定它们的亲缘关系。由此得出的系统进化树,与用经典方法得到的是基本符合的。采用分子生物学的方法研究分类与进化有特别的优越性。第一,构成生物体的基本生物大分子的结构反映了生命活动中更为本质的方面。第二,根据结构上的差异程度可以对亲缘关系给出一个定量的,因而也是更准确的概念。第三,对于形态结构非常简单的微生物的进化,则只有用这种方法才能得到可靠结果。

高等动物的高级神经活动是极其复杂的生命现象,过去多是在细胞乃至整体水平上研究,近年来深入到分子水平研究的结果充分说明高级神经活动也同样是以生物大分子的活动为基础的。例如,在高等动物学习与记忆的过程中,大脑中 RNA 和蛋白质的组成发生明显的变化,并且一些影响生物体合成蛋白质的药物也显著地影响学习与记忆的能力。又如,"生物钟"是一种熟知的生物现象。用鸡进行的实验发现,有一种重要的神经传递介质(5-羟色胺)和一种激素(褪黑激素)以及控制它们变化的一种酶,在鸡脑中的含量呈 24 小时的周期性变化。正是这种变化构成了鸡的"生物钟"的物质基础。

(二)实践与应用意义

在应用方面,生物膜能量转换原理的阐明,将有助于解决全球性的能源问题。了解酶的催化原理就能更有针对性地进行酶的人工模拟,设计出化学工业上广泛使用的新催化剂,从而给化学工业带来一场革命。

近几年来,人类基因组研究的进展日新月异,而分子生物学技术也不断完善,随着基因组研究向各学科的不断渗透,这些学科的进展达到了前所未有的高度。在法医学上,STR位点和单核苷酸(SNP)位、点检测分别是第二代、第三代 DNA 分析技术的核心,是继RFLPs(限制性片段长度多态性)VNTRs(可变数量串联重复序列多态性)研究而发展起来的检测技术。作为最前沿的刑事生物技术,DNA 分析为法医物证检验提供了科学、可靠和快捷的手段,使物证鉴定从个体排除过渡到了可以作同一认定的水平,DNA 检验能直接认定犯罪,为凶杀案、强奸杀人案、碎尸案、强奸致孕案等重大疑难案件的侦破提供准确可靠的依据。随着 DNA 技术的发展和应用,DNA 标志系统的检测将成为破案的重要手段和途径。此方法作为亲子鉴定已经是非常成熟的,也是国际上公认的最好的一种方法。

分子生物学在生物工程技术中也起了巨大的作用,1973 年重组 DNA 技术的成功,为基因工程的发展铺平了道路。80 年代以来,已经采用基因工程技术,把高等动物的一些基因引入单细胞生物,用发酵方法生产干扰素、多种多肽激素和疫苗等。基因工程的进一步发展将为定向培育动、植物和微生物良种以及有效地控制和治疗一些人类遗传性疾病提供根本性的解决途径。

目前,科学家可从任何生物中分离出对人类有益的基因,并能够将分离到的基因插入到一种小的、能够自动复制的染色体外遗传结构如细菌质粒或病毒 DNA 上,并将这种人工重组的 DNA 导入衍生细胞如细菌、酵母等细胞内,也能够对这类含有重组 DNA 的生物进行大容量培养,最后分离和纯化所要的基因。科学家还能够将基因连接到某种特殊调节信号上,使基因在细菌、植物或动物中正确表达。在某些情况下,还可将基因限制在高等植物和动物的某些特殊组织或细胞中表达。简言之,科学家可以按照自己的意愿将基因切割下来和将其间任何来源的 DNA 分子连接在一起,最后再将其导入细胞中,并使之按照人类的要求进行表达。

四、分子生物学与基因工程研究的未来发展趋势

回顾 20 世纪初,生命科学各学科所涉及的领域彼此间界限甚是分明,例如解剖学、细胞学、微生物学、病理学、生理学、药理学等,它们都运用特定的理论与手段进行明确领域的研究。但是到了 21 世纪,学科间的界限变得十分模糊,方法学上相互运用,理论上彼此借鉴,大家有了共同的语言。这是因为生命科学家都在用分子生物学与生物化学的方法、手段与理论去探讨生命现象中的众多问题。目前,生命科学家已有了共识:只有把维系生命现象的过程如同化学反应一样去研究它,理解它,才能把生命现象的本质揭示出来。这是生命科学发展的必然趋势。

上世纪 50 年代以来,分子生物学与基因工程研究取得了惊人的进展,解决了生物学中许多重大问题,如核酸的双螺旋结构、核酸复制、遗传密码、遗传的中心法则、病毒中逆转录酶的发现等。蛋白质纯化方法、结构分析的高速发展,激素受体学说及信息传递第二信使的发现等等,都使生命科学研究上了一个新台阶。几乎每年的诺贝尔医学或生理学奖以及若干诺贝尔化学奖都授予了从事分子生物学与基因工程研究的科学家,他们的贡献在生命科学历史上留下了光辉的一页。

这些发明创造及由此产生的影响遍及生命科学各个领域,也为今后发展勾画出前进的方向。可以预言,21 世纪的分子生物学与基因工程仍然会充满生机,并将继续影响生命科学的各个方面。分子生物学与基因工程的主要研究对象是蛋白质、酶、核酸、糖及脂类,其研

究内容已更为深入并渗透到许多领域。

（一）蛋白质与酶学

蛋白质的功能丰富多样，诸如运动、消化、吸收、信息传递等都是蛋白质功能的表现。如果没有一个基本原理去解释它们，就会被各种现象所迷惑。过去用严谨的物理学和化学理论以及实验技术揭示了小分子物质的性质与功能，同样的原理，大体上也能推导和预测像蛋白质那样复杂大分子的性质和功能，因此，当前蛋白质研究的一个中心课题是确定组成蛋白质的每个原子的三维空间排列。其最终目标是从蛋白质的化学式和三维空间结构预测其结构和功能，从而人类可以改造、模拟并合成蛋白质。

蛋白质一级结构即氨基酸的序列研究是蛋白质研究的基础。过去 60 年已有长足进展。近年来，分析手段的发展很快，如应用快原子轰击质谱（FAB/MS）分析、核磁共振（NMR）波谱分析、X 射线衍射分析等。X 射线衍射晶体学方法开发较早，但至今仍是研究蛋白质晶体结构的最有效的手段。编码蛋白质基因的分子克隆技术以及快速 DNA 序列分析技术的建立，是蛋白质结构分析的又一有力武器。

目前，已有的分析方法正在进一步计算机化、微量化和联机化。可靠、迅速的分析方法积累了大量数据，随之也建立了有效的数据库。一些未知功能的蛋白质通过与其他蛋白质之间的氨基酸序列相比较而得到了线索。

蛋白质基础理论研究的成就，大大促进了新技术的开发。如多肽工程与蛋白质工程，这是 20 世纪 80 年代兴起并迅速发展的领域。开始时主要是通过点突变来改造天然蛋白质，以后发展到蛋白质分子的全新设计以至非肽模拟。多肽与蛋白质工程的发展最终将改变传统工业的高温、高压、高能耗状况，代之以节省能量与资源的高效率生产方式。

酶学研究是蛋白质结构、功能与生物催化机理研究的结合。由于生物化学与分子生物学的每个领域都涉及酶学的理论和实验手段，因此酶学和蛋白质研究是生物化学和分子生物学的共同基础。

酶是生物催化剂，体内所有化学反应几乎都是在酶的催化下进行。过去一直认为酶的本质是蛋白质，并希望能有朝一日人工合成酶蛋白，但始终未能实现。80 年代，发现了酶活性核糖核酸（ri-bozyme）和抗体酶（abzyme），打破了酶即是蛋白质的经典概念。抗体酶技术将为酶的定向设计展现广泛的前景，如果一旦能制造出对氨基酸序列有特异性的抗体酶，能限制性地切割不同氨基酸残基间的肽键，则将对蛋白质结构的研究提供新的手段。抗体酶的定向设计也开辟了一个不依赖于蛋白质工程的真正酶工程领域。

酶学研究除了上述基础理论方面的重要成就以外，在应用研究方面也取得很大进展。60 年代后期兴起的固定化酶技术在工农业和医学中实际应用的巨大效益，已受到世界各国的注意。事实上，果葡糖浆、氨基酸、有机酸、酒精、抗生素等重要化工、医药产品已可由固定化酶技术生产。建立在吸附、共价结合、交联、包埋等物理和化学原理基础上的近百种方法已被用来将酶固定化在载体上或载体内。今天人们已能根据应用目的和酶的特性，选择合适的固定化方法和载体。固相酶的理论研究也因需要而获得发展，诸如固相酶的稳定性、动力学、底物专一性的改变等都已有不少报道和研究。通过固相化，使酶在有机溶剂中的催化成为可能，有机化合物的不对称水解、不对称合成、氧化还原反应和加成反应都有可能用固相化酶在温和条件下催化。在单一酶固相化的基础上，发展了多酶体系的共固相化，如天冬氨酸酶和天冬氨酸脱羧酶的共固相化可从延胡素酸生产 L-丙氨酸。近几年来又进一步建立了固相活细胞技术,使细胞能在载体上生长繁殖,获得高密度制剂,并能将细胞生长期和生产期分开,延长生产期,使用后衰减的生产能力还可再生。为了生产高等生物体内某些具有经济价值的酶、激素、免疫化合物、生物碱、色素和香料等,又从固相微生物细胞发展至难度较高的固相动、植物细胞。各种微载体和大孔胶材料为贴壁的动物细胞提供了较大的比表面,如琼脂糖凝胶、海藻酸聚赖氨酸微囊和中孔纤维可用来包埋贴壁细胞和悬浮细胞。已有报道应用固相化动物细胞生产单克隆抗体、干扰素和乙肝疫苗等。利用固相化植物细胞从简单碳源合成生物碱或进行生物碱等药物中间体的转化也已有不少成功的例子。

固相酶技术的发展使生物传感器应运而生。生物传感器是具有专一识别功能的生物材料(如酶)与基于化学或物理学原理的换能检测装置结合而构成的,酶电极就是最早期的生物传感器。目前约有 10 种可用于临床生化测定的酶电极商品化,分别可测定葡萄糖、尿素、尿酸、乳酸和谷氨酸等。近几年来,生物传感器的发展十分迅速,有专一识别能力的生物材料已从酶发展到抗体、受体、细胞器甚至细胞组成功能元件,换能检测器也从电极(气敏、离子敏)发展到离子敏场效应晶体管、热敏电阻器、发光二极管、光纤和石英压电振荡器,能把各种化学信息转变成电信号加以度量。目前生物传感器的主要趋向是微型化和多功能化,并发展成生物芯片。把具有信息传递、记忆、分子识别、能量传递和放大功能的生物分子组成像集成电路那样的芯片,这将促进未来的生物电脑的出现。

(二)核酸

核酸是一类重要生物活性大分子。20 世纪 40 年代艾弗里(Avery)等人发现遗传物质是核酸,1953 年沃森和克里克创立了 DNA 双螺旋结构学说,奠定了现代分子生物学基础。此后,衍生出了分子遗传学和基因工程,为医学、农业、工业、环境保护等开拓了新局面。30 多年来核酸研究方面的科学家 16 次获得诺贝尔化学奖或生理医学奖,几乎占总颁奖数的四分之一。这也说明了核酸研究的重要性和发展迅速。

80 年代以来,核酸研究的新动向有四方面:一是 RNA 的研究又趋活跃,新的发现层出不穷。如酶活性 RNA 的发现,提示着生命起源过程中曾经有过一个 RNA 世界。RNA 曾经既携带遗传信息,又具有催化活性。再如 RNA 编辑机理的发现是对中心法则的一个重要的补充。一个基因在不同组织或不同生理状态下,以从不同转录起始位点开始转录、不同的剪接方式和不同的 3′ 端成熟而形成多种不同的蛋白,这是比基因重排更为灵活的调控方式。RNA 的应用前景也日益宽广,如酶活性 RNA 阻断各种有害基因的表达和反义核酸的应用等。

核酸研究的第二个动向是研究的主要材料已从 80 年代前的原核生物转向真核生物。无论是 DNA 复制、RNA 转录及前体的加工,还是蛋白质的生物合成,真核生物中的反应都较原核生物复杂得多。尽管真核生物中的这些过程现在还没有完全被阐明,但研究材料的改变已经引发如酶活性 RNA、RNA 编辑、mRNA 前体剪接、DNA 聚合酶等一系列重要现象的发现,它大大推动了核酸研究的发展。

核酸研究的第三个动向是核酸与核酸、核酸与其他生物大分子的相互作用越来越引起人们的重视。事实上,生物体内绝大多数核酸自一合成出来后就一直处于核酸与蛋白质、核酸与核酸、核酸与其他生物大分子的复合物中,它的各种生物功能也是在各种复杂的核蛋白体中完成的。如在基因转录的起始过程中,涉及很多核酸与蛋白质、蛋白质与蛋白质间的相互作用。不同基因的表达受不同组合蛋白因子的协同调节控制。

最后一点是,生物科学已经历了从生物整体水平研究向分子水平研究的转移,近年来一些研究又开始从分子水平研究转向整体与分子水平研究结合的阶段。例如果蝇的发育受调控基因网络的控制,一些实验室正在以整体与分子水平研究结合的方式研究这一问题。核酸研究在这第二次转移中正在并将继续起着先导的作用。

(三)糖复合物与生物膜

糖的生化研究已经历了近一个世纪,例如淀粉、麦芽糖、葡萄糖等的结构,在体内的消化吸收及氧化供能等的研究都取得很大成果。近二三十年来,发现另一类其为复杂的糖化合物——糖蛋白、糖脂及蛋白多糖。它们有的覆盖在细胞表面形成一层糖被,起着细胞间的黏合、识别作用;有的存在于细胞间质及血浆、关节腔中,起着润滑及稳定蛋白质作用;它们还和细胞分化、癌变等密切相关。在生理上的重要性大大促进了这方面的研究。各种分析方法层出不穷,并取得了极大成就。当前主要问题仍是发掘其主要功能。

生物膜研究是综合生物学、化学及物理学的跨学科工程。它的成就已在药理学、神经生物学、细胞生物学等领域起到不可估量的作用。

细胞外面有一层质膜包裹。真核细胞除质膜外,还有各种细胞器的膜,将细胞分隔成许多功能区域。

生物膜的基本结构为脂双层,在通常情况下均以这种结构出现。但在某些生理条件下可出现非脂双层结构,如六角形或微团等。通过生物膜结构的研究,先后出现了"流体镶嵌"模型和"板块镶嵌"模型。

细胞所含的蛋白质约有20%~25%与生物膜结构相连,被称之为膜蛋白。膜蛋白结构的研究近年来有所突破。膜蛋白结构的阐明可推动对其功能的深入了解。这方面的研究仍然是分子生物学的前沿和热点领域。此外,跨膜信息传递的研究、膜蛋白与膜脂相互作用的研究近年来均取得不少进展,而且今后会继续受到很大关注。

(四)激素、生长因子及癌基因

激素是沟通细胞间与器官间的化学信使,通过内分泌、自分泌、旁分泌、神经内分泌等作用方式行使传讯功能,从而使机体组合成一系列严密的控制系统,调节生命的全过程。生物从受精卵开始,生长、发育、成熟乃至衰老,都受激素的影响和调节。激素作用的本质和活动规律的阐明,不仅对于生命科学具有重要的理论意义,而且对于人类的内分泌疾病(如糖尿病、脑垂体病和甲状腺病等)及非内分泌疾病(如心血管疾病、肿瘤、精神疾病等)的发病机理、临床诊断与治疗,对于实现人类计划生育及延缓衰老均有实际意义。动物激素研究对于家畜饲养、鱼类增产,以及植物激素研究对农业增产和农产品储存均有广泛应用价值。此外,新型激素及生物活性肽类药品的研究也有良好前景。

近20年来,生物化学在理论上及技术上渐趋成熟,新肽类激素的发现层出不穷。迄今为止,陆续发现的胃肠肽类激素已达40余种,神经肽有50余种(如吗啡调节肽、催眠肽等),循环系统肽类激素有数十种(如心钠素、血管紧张素、抗心律失常肽、内皮素等),肽类生长因子也有50余种(如表皮生长因子、血小板衍生的生长因子、胰岛素样生长因子、成纤维细胞生长因子、神经生长因子)等,此外,还有胰抑素、甘丙素、降钙素基因相关肽α和β等。

与此相应,肽类激素受体结构与功能的研究也进展迅速。受体研究对一些新的生物分子和新合成药物的设计、评价作出了很大贡献。很多生物分子和药物可以利用与受体结合的方法进行筛选,并可以发现新的物质。例如脑啡肽就是在研究识别吗啡的阿片受体工作中发现的。人们通过进一步对分子结构的改造就有可能制成镇痛效果强而不会成瘾的药物。大脑的神经递质激素和其他物质的受体与学习、记忆、思维和情绪等密切相关,如脑中神经递质或其他活性物质的受体脱敏,可引起机体反应迟滞和障碍。因此,神经兴奋药和它的抑制剂与记忆和智能关系的研究,也是受体研究的重大课题之一。

固醇类激素的作用在于调控基因表达。激素在靶细胞中以高亲和力、专一性地结合特定的受体蛋白后,进入细胞核与染色质结合,从而导致某些特定基因的激活或抑制。大量的研究都集中于各种激素受体的鉴定、提纯、结构功能分析,以及受激素调控的靶基因的分离与鉴定。最近五六年来,几乎所有固醇类激素受体基因均得以克隆和序列测定,可以看到它们的结构有很大的同源性,形成一个所谓的"固醇类受体超大家族"(steroid receptor super-family)。其成员除已知的固醇类受体外,还包括甲状腺素、维生素 D3 及视黄酸等的受体。

癌基因的发现是肿瘤研究的一个里程碑,而阐明激素、生长因子受体与癌基因及其产物的关系是近年分子生物学和分子肿瘤学研究的热点。

近几年来,大量实验结果表明,不同的原癌基因产物都是复杂的细胞信号转导网络中的组分。在信号网络中,这些蛋白质完成不同的功能,其中包括:在细胞外侧表现为配体及生长因子功能;在质膜中表现为受体的功能;在胞质中具有信号转导物的作用;以及在核中作为转录因子。这些实验提示,即使不是全部,大多数癌基因的产物参与生长因子——受体应答途径,由于在这点上的变化导致恶性转化。

生长因子与受体结合后,通过受体后的信号传递,最后导致特定的基因激活:蛋白质生物合成以及细胞的分裂、增殖、分化等活动产生。目前受体后的信号传递途径的研究已成为前沿领域,特别是生长因子和癌基因产物在信号传递中的相互关联更是令人注目。

(五)分子免疫学、分子遗传学及分子病毒学

当今国际上分子免疫学的主要课题是识别分子(如抗体、细胞因子)和效应分子(如抗原、受体等)的结构、功能和基因的研究。目前,对抗体的结构以及基因表达的全过程已经了解得比较清楚了。如抗体生成不仅要有产生抗体的 B 细胞,还要有 T 细胞的参与;组织或器官移植要考虑两个个体之间是否相容,即所谓组织相容抗原;抗原-抗体反应尚有补体参与;干扰素、白细胞介素、肿瘤坏死因子是一群调节免疫应答的蛋白质,等等。上述内容都是当今分子免疫学的热门课题。如何通过主动免疫预防诸如艾滋病、血吸虫病等严重危害人类健康的疾病,当然也是分子免疫学中重大课题。

分子遗传学在分子水平上研究遗传与变异机理。近年来由于重组 DNA 技术、聚合酶链反应(PCR)、DNA 限制性片段多态性(RFLP)和快速放大多态 DNA(RAPD)方法的开发应用,使分子遗传学研究发展日新月异。在此基础上建立的遗传工程不仅成为一个新的生产领域,同时又反向促进了分子遗传学、生物化学、细胞生物学等学科的发展。未来发展的一个大趋势是反向生物学,即从内在的基因入手,研究生物分子的结构和功能、编码的蛋白产物在细胞或个体生命活动中的作用,阐明外观上千变万化的生命现象的本质。分子遗传学研究应占这一发展趋势的核心地位。

病毒学是一门横跨生物学、医学和农学的十分重要的独立学科。噬菌体的定量遗传研究曾经为分子遗传学的创立奠定了基础。近 30 年来,随着生物化学、细胞学、遗传学、免疫学、临床医学和动、植物病理学的相互渗透,相互促进,各种物理、化学新技术和分子生物学方法的广泛应用,使病毒学已经全面进入分子病毒学阶段,并成为分子生物学前沿的综合性

学科之一。

病毒是研究基因组结构和表达调控机理的最好模型。研究反转录病毒发现了反转录酶,从而修改补充了遗传信息传递的"中心法则",同时使 cDNA 基因的合成和异源重组表达成为现实。肿瘤病毒的研究导致了原癌基因的发现,使肿瘤发生机理研究有了新的突破。真核病毒基因组结构和表达的一系列重要发现,如基因重叠、内含子的剪接、转录后加工、翻译后修饰、增强子等各种顺式调控信号和反式调控蛋白因子等等,为阐明真核基因表达调控的基本原理,带动分子生物学迅速发展起了重要作用。

现代临床病毒学研究表明,有更多的新病毒病正在严重危害和威胁着人类生存。据统计,人和动物的传染病约有四分之三是由病毒所引起。诸多病毒病对人类的严重威胁与寥寥无几的防治手段形成了极鲜明的反差。造成这种局面的主要原因之一,就是因为人们对各种病毒的分子生物学知识积累仍远远不足以为防治病毒病提供必要的理论指导和可行的技术手段。分子病毒学的发展将为改变这种状况作出重要的贡献。同时以杆状病毒为代表的无公害病毒杀虫剂的开发应用,以各种病毒为载体的基因工程,将为减轻虫害、改善环境、促进以生物技术为支柱的高技术产业的发展和实现肿瘤及遗传疾病的基因治疗开创新的途径。

(六)基因工程

基因工程技术自 70 年代建立后引起了科学界的高度重视,这是由于用基因工程方法可在体外按人们的要求进行基因重组和基因改造,并通过各类基因载体进行基因转移,打破了基因重组和基因转移的物种界限。以基因工程为核心的分子生物学方法在生物学研究中得到广泛的应用,几乎渗透到生命科学的各个领域,成为研究和揭示生命现象本质和规律的一种重要工具。另一方面,基因工程使生产人体内源各类细胞因子、激素等活性多肽、蛋白质成为现实,基因工程产品已逐步发展成为生物技术产业中一个重要的引人注目的新兴产业。

转基因技术在动物方面的应用也日渐广泛。目前采用较多的是向受精卵内微量注射某种特殊载体。由于受精卵含有外源 DNA,当将其移植到代孕母亲子宫内后,发育成的个体就能表达外源基因。如果外源基因编码的蛋白质具很高的医疗效果,则可将其连接到只在乳房组织中才具活性的某种 DNA 调节序列之中,让转基因动物产生具有医药价值的乳汁。例如,血纤溶酶原激活物具有溶解人体血块的作用,科学家将编码血纤溶酶原激活物的基因置于只在乳房组织中行使功能的启动子控制之下,然后再将这种人工基因注射到绵羊的受精卵内,由代孕母体产下的转基因绵羊就能分泌出血纤溶酶原激活物含量很高的羊奶。最后药物生产厂家就可从这种羊奶中分离和纯化出血纤溶酶原激活物,以用于临床治疗心脑血管血栓等疾病。

随着动物转基因技术的发明,产生了用于治疗各种遗传疾病的基因疗法。哺乳动物中第一例基因疗法是用来纠正小鼠的生长激素缺乏症。患有生长激素缺乏症的小鼠在体型上比正常小鼠矮小得多,当将一种人工构建的大鼠生长激素基因通过转基因技术转移到侏儒症小鼠基因组中以后,转基因小鼠在体重上是侏儒症小鼠的 2～3 倍。

转基因技术和基因疗法在人体上的应用具有更广阔的前景,因为通过引入外源野生型基因、纠正人体有缺陷的功能可以治疗和缓解人体的遗传疾病。虽然不能采用上述小鼠的生殖细胞基因疗法那样来治疗人体的遗传疾病,但可采用体细胞基因疗法治疗某些遗传疾病。1991 年,Andeson 等首次采用此法成功治疗一例严重的综合免疫缺损病。这种疾病是由 11 个编码血液中的腺苷脱氨酶的基因发生突变所造成的。在此基因疗法方案中,首先从患者骨髓中取出血液干细胞。然后加入转基因,最后再将转基因细胞送回到血液系统中去。

【合作讨论】

1. 分子生物学与基因工程里程碑事件及其对生物学科的作用。
2. 分子生物学与基因工程对于生产实践的指导作用。
3. 分子生物学与基因工程快速发展的原因及带给我们的启示。
4. 分子生物学与基因工程未来发展趋势与方向。

第五章　酶工程

第一节　概　述

　　生物与非生物最根本的区别就是生物中存在新陈代谢。新陈代谢是一切生命活动的基础，是生物最基本的特征。生物体内的新陈代谢是由成千上万错综复杂的生化反应构成的，而这些生物化学反应又都是在酶的催化作用下进行的。可以说，离开了酶，新陈代谢就不能进行，生命就会停止。

　　酶不仅赋予了生命，而且在日常生活中发挥着重要作用。你穿的牛仔裤，在生产时很可能就用酶处理过；你洗衣服时，用的洗衣粉中很可能含有酶；你喝饮料时，饮料中的甜味剂、酸味剂的生产几乎都有酶的功劳；你服的药片很可能就是酶或酶反应的产物。

　　由于酶的应用广泛，酶的生产就成了重要的研究课题。伴随着酶的生产与应用，酶工程逐渐发展起来。

一、酶的基础知识

（一）酶的概念

　　酶是具有催化作用的生物大分子，绝大部分的酶是蛋白质，少数酶是 RNA。关于酶本质的认识经历了一个长期而复杂的过程。

　　我们的祖先在几千年前就已经在食品生产和疾病研究等领域不自觉地利用酶。例如，在公元前 21 世纪的夏禹时代，人们就会酿酒；在公元前 12 世纪的周代，已经能制作饴糖和酱；在春秋战国时期，就懂得用曲治疗消化不良等。

　　直到 19 世纪初期，伴随西方国家对酿酒过程的研究，人们才开始认识到酶的存在和作

图 5-1　几千年前的酿酒技术

用。1810 年，Jaseph Gaylussac 发现酵母可将糖转化为酒精；1857 年，法国微生物学家巴斯德(Pasteur)提出酵母活细胞中有一种能将糖发酵生成酒精的物质。1878 年，德国的库尼(Kühne)将其定义为 Enzyme，原意为在酵母中。

1897 年，德国化学家巴克纳(Buchner)兄弟把酵母细胞放在石英砂中用力研磨，加水搅拌，之后进行加压过滤，得到不含酵母的提取液。在这些汁液中加入葡萄糖，一段时间后就冒出气泡，糖液居然变成了酒。这说明，酶在细胞外也可以催化。Buchner 为此在 1911 年获得了诺贝尔化学奖。

人们已经认识到酶是生物体产生的具有催化功能的物质。酶的化学本质到底是什么？这是 20 世纪初期酶学研究和争论的中心问题。

1920 年，著名生物学家、诺贝尔化学奖获得者威尔斯塔特在具有酶活的样品中没有检测出蛋白质，于是作出了酶不是蛋白质的错误结论，宣称已经制成了不含蛋白质的酶的制备物。由于这种结论出自权威之口，人们信以为真，结果使对酶的研究推迟达 10 年之久。

1926 年，美国化学家萨姆纳(Sumner)从刀豆种子中提取出脲酶并得到结晶，这种结晶溶于水后能够催化尿素分解为氨和二氧化碳，并通过化学实验证明是蛋白质。然而，当时萨姆纳在科学界还是一个"无名小卒"，人们并不太相信他的结论，直到 1930—1936 年，Northrop 和 Kunitz 得到胃蛋白酶、胰蛋白酶、胰凝乳蛋白酶结晶，并用相应方法证明是蛋白质后，"酶是生物体产生的具有催化功能的蛋白质"才被人们普遍接受。1946 年，萨姆纳获得诺贝尔化学奖。

图 5-2 1946 年获诺贝尔化学奖的萨姆纳

图 5-3 1989 年获诺贝尔奖的 Cech 和 Altman

20 世纪 80 年代,核酶的发现,从根本上改变了以往只有蛋白质才具有催化功能的概念。1982 年,切克(Cech)等研究原生动物四膜虫 rRNA 时,首次发现 rRNA 基因转录产物的 I 型内含子剪切和外显子拼接过程可在无任何蛋白质存在的情况下发生,证明了 RNA 具有催化功能。为区别于传统的蛋白质催化剂,Cech 给这种具有催化活性的 RNA 定名为核酶。

1983 年 Altman 等人在研究大肠杆菌 RNaseP 时发现,除去其蛋白质部分后,剩下部分 RNA 具有全酶的活性,在体外高浓度 Mg^{2+} 存在下,也具有完成切割 rRNA 前体的功能。为此,Cech 和 Altman 获得了 1989 年的诺贝尔奖。

20 多年的研究表明,核酸类酶具有完整的空间结构和活性中心,具有独特的催化机制,具有很高的底物专一性,具有生物催化剂的所有特征。"酶是生物体产生的具有催化功能的生物大分子(蛋白质和 RNA)"这一概念已被人们普遍接受。

【知识拓展】

与诺贝尔奖失之交臂的艾弗里及其理论

1944 年,艾弗里等人提出了"DNA 是遗传信息载体"这一理论。由于威尔斯塔特的前车之鉴,害怕再受骗的科学界便不敢盲然唯这位权威而是从,迟迟不予认可。后来,随着对 DNA 化学本性的足够了解,特别是 1952 年赫尔希(A. D. Hers-hey)和蔡斯(M. Chase)证明了噬菌体 DNA 能携带母体病毒的遗传信息到后代中去以后,科学界才终于接受了 DNA 是遗传信息载体的理论。

当时曾有人提议艾弗里应获这种最高奖励。但鉴于科学界对其理论还抱有怀疑,诺贝尔奖评选委员会认为推迟发奖更为合适。可是,当对他成就的争议平息、诺贝尔奖评选委员会准备授奖之时,他已经去世了。诺贝尔奖评选委员会只好惋惜地承认:"艾弗里于 1944 年关于 DNA 携带信息的发现代表了遗传学领域中一个最重要的成就,他没能得到诺贝尔奖金是很遗憾的。"

播种苦果的是已故权威威尔斯塔特,而蒙受苦果之害的是在世权威艾弗里。"威尔斯塔特的错误幽灵使基因的研究又拖迟 10 年之久"。

(二)酶的特点

酶作为生物催化剂,具有一般催化剂的特征:(1)能加快化学反应的速度而本身在反应前后没有结构和性质的改变；（2）只能缩短反应达到平衡所需要的时间而不能改变反应的平衡点。但酶作为一种生物大分子又有其不同之处：

1.催化效率高

酶催化反应的速率比非催化反应高 10^8-10^{20} 倍，比非生物催化剂高 10^7-10^{13} 倍。如过氧化氢酶催化过氧化氢分解的反应，若用铁离子作为催化剂，反应速率为 6×10^{-4}（mol/mol 催化剂）；若用过氧化氢酶催化，反应速率为 6×10^6。

2.酶具有高度专一性

酶对底物及催化的反应有严格的选择性（专一性），一种酶仅能作用于一种物质或一类结构相似的物质，发生一定的化学反应，这种对底物的选择性称为酶的专一性。如蛋白酶只能水解蛋白质、脂肪酶只能水解脂肪、而淀粉酶只能作用于淀粉。

3.反应条件温和

酶催化反应不像一般催化剂需要高温、高压、强酸、强碱等剧烈条件，可在较温和的常温、常压下进行。

4.酶易失活

酶是生物大分子，对环境的变化非常敏感，高温、强酸或强碱、重金属、紫外线、剧烈震荡等引起蛋白质变性的条件，都能使酶丧失活性。同时，酶也常因温度、pH 的轻微改变或抑制剂的存在而使其活性发生改变。

5.酶的催化活性可被调节控制

酶的催化活性是受到调节控制的，这是酶区别于一般催化剂的一个重要特性。酶在体内外受到多方面因素的调节和控制，不同的酶调节方式也不同，包括抑制剂的调节、反馈调节、酶原激活、共价修饰、激素控制等。结合酶类的催化活力与辅酶、辅基、金属离子有关，若将它们除去，酶就会失活。

二、酶工程

酶工程（enzyme engineering）是在酶的生产与应用过程中，酶学与化学工程技术、基因工程技术、微生物学技术相结合而产生的一门新的技术科学，在 1971 年第一届国际酶工程会议上得到命名。它从应用目的出发，研究酶的生产、纯化、固定化技术、酶分子结构的修饰和改造以及在工农业、医药卫生和理论研究等方面的应用。酶工程作为生物工程中必不可少的重要组成部分，不但受到生物化学、生物化工等工作者的重视，也日益受到其他各领域内研究者的关注。酶工程的研究内容可用图 5-4 表示。

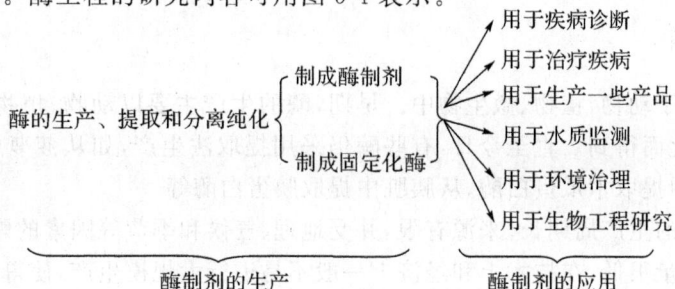

图 5-4　酶工程的研究内容

一般认为,现代酶工程技术始于20世纪40年代日本采用深层液体发酵技术大规模成功生产α-淀粉酶。20世纪50年代,采用葡萄糖淀粉酶催化淀粉水解生产葡萄糖新工艺研究成功,取代了原来葡萄糖生产中采用的高温、高压酸水解工艺,使淀粉的得糖率由80%上升到100%,这大大推动了酶在工业上的应用。随着微生物发酵技术的发展和酶分离纯化技术的进一步提高,酶制剂生产开始走向规模化,并被广泛地应用于轻工、医药等生化过程。

20世纪60年代,酶固定化技术的诞生,使酶制剂的应用面貌焕然一新。固定化技术改善了酶的稳定性,使酶在生化反应器中可以反复连续使用,极大地推动了酶工程技术的推广应用。1969年,日本的千烟一郎首次在工业生产规模应用固定化氨基酰化酶从DL-氨基酸连续生产L-氨基酸,开创了固定化酶应用的新局面,实现酶应用史上的一大变革。

20世纪70年代后期,微生物学、基因工程与细胞工程的迅猛发展为酶工程的进一步发展带来了前所未有的生机,极大地推动了酶工程的研究和应用领域。有人将酶学与现代分子生物学技术的结合称为生物酶工程(即高级酶工程),主要研究以下几个方面的内容:(1)用基因工程技术大量生产酶(克隆酶);(2)用蛋白质工程技术定点改变酶结构基因(突变酶);(3)设计新的酶结构基因,生产自然界从未有过的性能稳定、活性更高的新酶。与此对应,化学酶工程(即初级酶工程)主要研究酶的制备、酶的分离纯化、酶与细胞的固定化技术、酶分子修饰、酶反应器和酶的应用。

随着酶在工业、农业、医药、食品等领域中应用的迅速发展,酶工程也在不断地增加新的内容。目前,从自然界中发现和鉴定的酶已经超过4000种,但大规模生产和应用的商品酶只有数十种,只占很少一部分,大量的自然酶还没有得到很好地应用。其主要原因是大多数酶脱离其生理环境后极其不稳定,且酶的分离纯化工艺过于复杂、成本过高。为了更好地应用酶,通常可以采用自然酶的化学修饰或采用酶学与基因工程相结合的手段,改造自然酶产生修饰酶甚至是自然界不曾存在的新酶,这使得酶工程的研究和应用领域逐渐得以扩大,内容也日渐丰富。

第二节　酶的生产

酶的生产是指通过人工操作而获得所需酶的技术过程。目前,可以从动植物原料中直接提取分离酶,也可以采用化学合成法合成酶。前者虽是最早采用且沿用至今的方法,但具有原料来源有限、成本高等难以克服的缺点;后者仍然处于实验室阶段。因此,生产酶的主要方法还是生物合成法,其中以微生物发酵法为主。

一、酶的来源

酶普遍存在于动物、植物、微生物中。早期,酶的生产主要以动物、植物组织为原料,经过提取、分离纯化而得到。直至今日,有些酶仍采用提取法生产,如从菠萝中提取菠萝蛋白酶,从木瓜乳汁中提取木瓜蛋白酶,从胰脏中提取胰蛋白酶等。

动植物原料的生产周期长,来源有限,并受地理、气候和季节等因素的影响,同时由于酶在生物体内的含量很低,在技术上和经济上一般不易进行大规模生产,使得许多传统的酶源已远远不能适应当今世界对酶的需求。

理论上,酶和其他蛋白质一样,也可以通过化学合成法来生产。事实上,也有了化学法合成酶的例子,如 1969 年 Gutte 和 Merrfield 通过化学方法人工合成了含有 124 个氨基酸的活性核糖核酸酶。但是,化学合成的反应步骤多,一般只适用于化学结构清楚的短肽的生产;此外,还要求合成的单体纯度很高,这样成本就高。目前的发展,距人工合成氨基酸残基数目高达 100 以上的酶蛋白的目标还很遥远,更谈不上工业化生产。

工业上大量的酶是采用微生物的发酵来制取的,一般需要在适宜的条件下,选育出所需的菌种,让其进行繁殖,获得大量的酶制剂。在目前 1000 余种正在使用的商品酶中,大多数的酶都是利用微生物生产的。微生物发酵生产酶具有诸多优势:(1)微生物生长繁殖快,生产周期短,产量高。微生物的生长速度是农作物的 500 倍,比家畜快 1000 倍。(2)微生物培养方法简单,所用原料大多为农副产品,价格低廉,成本低。例如,同样生产 1 千克结晶的蛋白酶,如从牛胰中提取要 1 万头牛的胰脏,而微生物仅靠数百千克的廉价农副产品,几天便可生产出来。(3)微生物菌株种类繁多,酶的品种齐全。(4)微生物有较强的适应性和应变能力,可通过诱变或基因工程等方法培育出新的产酶量高的菌株。

二、酶的生产

含酶原料的获得

1. 动植物原材料

动植物材料作为酶源有着自身的局限性,但目前,仍然具有不可替代的作用。动植物原料一般直接采集,采集时要注意动植物原料的种属、发育状态、生物状态等,这些方面对产品的质量、产量和成本都有着重要的影响。如生产药用 SOD(超氧化物歧化酶)采用动物血为原料生产的比植物来源的抗原性要小;生产凝乳酶要采用哺乳期的牛、羊和猪的胃等;生产木瓜凝乳蛋白酶要采用未成熟的番木瓜果实,而不是枝叶等。

20 世纪 80 年代迅速发展起来的动、植物细胞培养技术,为含酶原料的获得提供了又一条途径。将动植物细胞置于人工控制条件的生物反应器中培养,通过细胞的生命活动,得到人们所需的酶。如通过植物细胞培养可以获得超氧化物歧化酶、木瓜蛋白酶、木瓜凝乳蛋白酶等酶的生产原料,通过动物细胞培养可以获得胶原酶、组织纤溶酶原激活剂(一种丝氨酸蛋白酶)的生产原料。

20 多年来,动植物细胞培养取得了不少进展,呈现了广阔的前景,但仍处于发展阶段,要进入工业化生产尚有许多问题需要解决。产率低、周期长、易染菌、光照难控制(植物细胞培养)、放大难、成本高等缺点限制了动植物细胞固定化培养的进一步应用,仅适用于高价值产品的生产。

图 5-5 动物细胞的转瓶培养

2. 微生物原材料

(1)产酶微生物

原始产酶微生物可以从菌种保藏中心和有关研究机构获得,但大多数的高产微生物是从自然界中经过分离筛选获得的。一般情况下,细胞所表达的酶量受到细胞的调节和控制,合成的酶主要是满足细胞自身生长和代谢的需要,是有限的。当酶成为发酵的目标产物时,野生型微生物就不能满足酶制剂生产的需要,因此,工业酶制剂生产中,所有微生物菌种都是通过遗传改造的高产酶菌株。

常用的产酶微生物有细菌、放线菌、霉菌、酵母等,具体见表 5-1。从表 5-1 中可以看出,同一种微生物经育种后可以用于不同酶的生产,不同微生物也可以用于具有相同功能酶的生产。

表 5-1　常用的产酶微生物及其所产的酶

微生物		所产的酶
细菌	大肠杆菌	谷氨酸脱羧酶、天冬氨酸酶、青霉素酰化酶、天冬酰胺酶、β-半乳糖苷酶、限制性核酸内切酶、DNA 聚合酶、DNA 连接酶、核酸外切酶等,后几种在基因工程等方面广泛应用。
	枯草芽孢杆菌	α-淀粉酶,蛋白酶,β-葡聚糖酶,5′-核苷酸酶,碱性磷酸酶等。
放线菌	链霉菌	葡萄糖异构酶、青霉素酰化酶、纤维素酶、碱性蛋白酶、中性蛋白酶、几丁质酶等多种酶。
霉菌	黑曲霉	糖化酶,α-淀粉酶,酸性蛋白酶,果胶酶,葡萄糖氧化酶,过氧化氢酶,核糖核酸酶,脂肪酶,纤维素酶,橙皮苷酶,柚苷酶等多种酶。
	米曲霉	糖化酶、蛋白酶、氨基酰化酶、磷酸二酯酶、果胶酶、核酸酶 P 等。
	红曲霉	α-淀粉酶、糖化酶、麦芽糖酶、蛋白酶等。
	产黄青霉	葡萄糖氧化酶、果胶酶、纤维素酶等。
	橘青霉	5′-磷酸二酯酶、脂肪酶、葡萄糖氧化酶、凝乳蛋白酶、核酸酶 S1、核酸酶 P1 等。
	根霉	糖化酶、α-淀粉酶、蔗糖酶、碱性蛋白酶、核糖核酸酶、脂肪酶、果胶酶、纤维素酶、半纤维素酶等。
	毛霉	蛋白酶、糖化酶、α-淀粉酶、脂肪酶、果胶酶、凝乳酶等。
	木霉	纤维素酶,包括 C1 酶、Cx 酶和纤维二糖酶等。
酵母	啤酒酵母	转化酶、丙酮酸脱羧酶、醇脱氢酶等
	假丝酵母	脂肪酶、尿酸酶、尿囊素酶、转化酶、醇脱氢酶等。

（2）微生物的发酵及产酶

有了优良的产酶菌株后,如何通过发酵实现微生物的大规模培养及产酶就成了关键。

培养基一般选用那些价格便宜、来源丰富又能满足细胞生长和酶合成需要的农副产品,如淀粉、糊精、糖蜜、葡萄糖等碳源物质,鱼粉、豆饼粉、花生饼粉及尿素等氮源物质。

微生物发酵产酶主要有两种方式:固体发酵和液体深层发酵。固体发酵是以麸皮、米糠等为基本原料,加入适量的水和无机盐,形成潮湿不溶于水的固体培养基,微生物在其上进行发酵产酶的一种培养技术。固体发酵法具有设备简单、便于推广的优点,但也具有发酵条件不易控制、劳动强度大、物料利用不完全、酶不易分离纯化的缺点,一般用于米曲(含大量糖化酶)、酱油曲(含大量蛋白酶)的生产及食品工业和饲料工业用酶的生产。

液体深层发酵是利用液体培养基,在发酵罐内进行搅拌通气培养的一种发酵方式,发酵过程需要一定的设备和技术条件,但原料的利用率和酶的产量都较高,培养条件容易控制。目前,工业上主要采用液体深层发酵技术生产酶。

图 5-6　制曲现场

图 5-7　现代化的液体发酵

　　20 世纪 70 年代,固定化细胞技术发展迅速,展示了良好的前景,将产酶细胞吸附在水不溶性载体(如活性炭、硅藻土等)上或包埋在多孔凝胶中,将其限制在一定的空间界限内,但细胞仍能保留催化活性并具有能被反复或连续使用的活力。固定化细胞具有诸多优点:(1)固定化细胞的密度大、可增殖,因而可获得高度密集而体积缩小的工程菌集合体,不需要

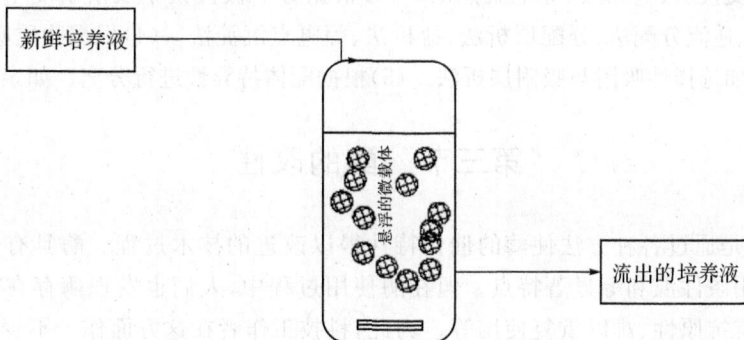

图 5-8　固定化细胞的连续培养

微生物菌体的多次培养、扩大，从而缩短了发酵生产周期，可提高生产能力；（2）发酵稳定性好，可以较长时间反复使用或连续使用；（3）发酵液中含菌体较少，有利于产品分离纯化，提高产品质量等。

胞内酶等许多胞内产物不能分泌到细胞外的原因是多方面的，其中细胞壁作为扩散障碍是阻止胞内产物向外分泌的主要原因之一。随后发展的固定化原生质体技术为胞内酶的连续生产开辟了崭新的途径。

三、酶的分离和提纯

从动植物、微生物细胞或微生物发酵液中产生的酶一般需进行分离提纯后才能应用（一些胞内酶也可以直接利用整个细胞作为生物催化剂）。至于需提纯到何等纯度，这与酶的用途直接相关。一般用于科学研究的酶需要有较高的纯度，特别是用于酶结构研究时，应该使用酶蛋白的结晶；医用酶也需要有较高的纯度，特别是用于静脉注射的酶必须非常纯净以避免不良反应；用于食品工业的酶制剂纯度一般要求不高，但必须注意安全性；工业用酶制剂纯度通常也不高，但必须要达到一定的酶活力（催化能力）要求。

酶的分离纯化是一项十分复杂的过程，特别是需要高纯度的酶产品时更是如此。酶产品的价格构成中，分离纯化占的比重非常高，一般都占 50% 以上，有时甚至超过 80%。这是由如下原因引起的：（1）酶的浓度低，而分离提纯的费用往往随着产物初始浓度的下降呈指数上升。（2）细胞破碎液或发酵液的组成非常复杂，存在大量与目标酶蛋白性质类似、分子量差不多的杂蛋白，将这些杂蛋白分离不是一件容易的事；（3）酶对环境条件非常敏感，比较容易失活。因此，酶的分离纯化一般都在低温、缓冲溶液中进行，无疑将增加分离成本。在酶的分离纯化过程中，保持酶的活性不受或少受破坏是一条必须时时刻刻都要牢记的原则，任何会影响酶活力的因素都必须仔细考虑，如温度、pH、离子强度、剪切力、有机溶剂等。

酶的分离纯化一般包括预处理、初步纯化、高度纯化和浓缩与干燥几个过程。预处理包括固液分离和细胞破碎（分离胞内产物），初步纯化是除去与目的产物性质差异很大的杂质，高度纯化（精制）是除去与产物性质相似的杂质，浓缩与干燥（成品加工）则是使酶与溶剂分离的过程。

分离纯化的主要原理是：（1）根据分子形状和大小不同进行分离。如差速离心与超速离心、膜分离（透析、电渗析）与超滤法、凝胶过滤法。（2）根据分子电离性质（带电性）的差异进行分离。如离子交换法、电泳法、等电聚焦法。（3）根据分子极性大小及溶解度不同进行分离。如溶剂提取法、逆流分配法、分配层析法、盐析法、等电点沉淀法。（4）根据物质吸附性质的不同进行分离。如选择性吸附与吸附层析法。（5）根据配体特异性进行分离。如亲和层析法。

第三节　酶的改性

酶的改性是通过各种方法使酶的催化特性得以改进的技术过程。酶具有催化效率高、专一性强、作用条件温和等显著特点。但在酶使用过程中，人们也发现酶存在各种不足，如稳定性差、具有抗原性、难以重复使用等。为此，科技工作者在这方面作了不少努力，以使酶的催化特性更加符合人们的使用要求。

可以使酶的催化特性得以改进的技术有多种，最主要的是酶分子修饰和酶固定化技术。

一、酶分子修饰

酶分子是具有完整的化学结构和空间结构的生物大分子,正是酶分子的完整空间结构赋予酶分子生物催化功能,使酶具有催化效率高、专一性强和作用条件温和等特点。但是另一方面,也是酶的分子结构使酶具有稳定性较差、活性不够高和可能具有抗原性等弱点。通过各种方法使酶分子的结构发生某些改变,从而改变酶的某些特性和功能的过程称为酶分子修饰。

（一）化学修饰

1.金属离子置换修饰

把酶分子中的金属离子换成另一种金属离子,使酶的功能和特性发生改变的修饰方法称为金属离子修饰。金属离子置换修饰只适用于那些在分子结构中本来含有金属离子的酶。通过金属离子置换修饰,有可能提高酶活力,增加酶的稳定性。

有些酶中的金属离子往往是酶活性中心的组成部分,对酶催化功能的发挥有重要作用。例如,α-淀粉酶中的钙离子（Ca^{2+}）、谷氨酸脱氢酶中的锌离子（Zn^{2+}）、过氧化氢酶中的铁离子（Fe^{2+}）等。α-淀粉酶分子中大多数含有钙离子,有些则含有镁离子或锌离子等其他离子,所以一般的 α-淀粉酶是杂离子型的。如果将其他杂离子都换成钙离子,则可以提高酶活力,并显著增强酶的稳定性。结晶的钙型 α-淀粉酶的活力比一般结晶的杂离子型 α-淀粉酶的活力提高 3 倍以上,而且稳定性大大增加。故此,在 α-淀粉酶的发酵生产、保存和应用过程中,增加一定量的钙离子,有利于提高和稳定 α-淀粉酶的活力。

2.大分子结合修饰

通过水溶性大分子修饰剂,如聚乙二醇（PEG）、右旋糖酐与酶蛋白的侧链基团通过共价键结合,可使酶的空间构象发生改变,使酶活性中心更有利于与底物结合,并形成准确的催化部位,从而使酶活力提高。例如,每分子核糖核酸酶与 6.5 分子的右旋糖酐结合,可以使酶活力提高到原有酶活力的 2.25 倍;每分子胰凝乳蛋白酶与 11 分子右旋糖酐结合,酶活力达到原有酶活力的 5.1 倍等。

酶的稳定性可以用酶的半衰期表示。酶的半衰期是指酶的活力降低到原来活力的一半时所经过的时间。酶的半衰期长,则说明酶的稳定性好;半衰期短,则稳定性差。例如,超氧化物歧化酶（SOD）在人体血浆中的半衰期仅为 6 分钟,经过分子结合修饰,其半衰期可以明显延长。

酶大多数是从微生物、植物或动物中获得的,对人体来说是一种外源蛋白质。当酶蛋白非经口（注射等）进入人体后,往往会成为一种抗原,刺激体内产生抗体。产生的抗体可与作为抗原的酶特异地结合,使酶失去其催化功能。抗体与抗原的特异结合是由它们之间特定的分子结构所引起的。通过酶分子修饰,使酶蛋白的结构发生改变,可以大大降低或消除酶的抗原性,从而保持酶的催化功能。例如,精氨酸酶经聚乙二醇结合修饰后,其抗原性显著降低;L-天冬酰胺酶经聚乙二醇结合修饰后,抗原性完全消除。

3.肽链修饰

（1）肽链切断修饰

酶蛋白的抗原性与其分子大小有关,大分子的外源蛋白往往有较强的抗原性,而小分子的蛋白质或肽段的抗原性较低或无抗原性。若采用适当的方法使酶分子的肽链在特定的位点断裂,断裂后,其酶活性中心的空间构象不变,相对分子质量减少,就可以在基本保持酶活力的同时使酶的抗原性降低或消失。例如,木瓜蛋白酶用亮氨酸氨肽酶进行有限水解,除去其肽链的三分之二,该酶的活力基本保持,其抗原性却大大降低;又如,酵母的烯醇化酶经肽链有限水解,除去由 150 个氨基酸残基组成的肽段后,酶活力仍然可以保持,抗原性却显著降低。

若主链的断裂有利于酶活性中心的形成,则可使酶分子显示其催化功能或使酶活力提高。例如,胰蛋白酶原用胰蛋白酶进行修饰,除去一个六肽,从而显示胰蛋白酶的催化功能;天冬氨酸酶通过胰蛋白酶修饰,从其羧基末端切除 10 多个氨基酸残基的肽段,可以使天冬氨酸酶的活力提高 4—5 倍。

此外,还可通过肽链的断裂探测酶活性中心的位置。如果主链的断裂引起酶活性中心的破坏,酶将丧失其催化功能。

(2)氨基酸置换修饰

将酶分子肽链上的某一个氨基酸换成另一个氨基酸的修饰方法,称为氨基酸置换修饰。酶分子经过组成单位置换修饰后,可以提高酶活力,增加酶的稳定性或降低抗原性。如将酪氨酸-RNA 合成酶第 51 位的苏氨酸由脯氨酸置换,修饰后的酶对 ATP 的亲和性提高了近 100 倍,酶活力提高了 25 倍。又如将 T4 溶菌酶中的第 3 位的异亮氨酸置换成半胱氨酸后,其酶活力保持不变,但该酶对热的稳定性却大大提高。又如将猪胰岛素 B 链第 30 位的丙氨酸置换成苏氨酸,猪胰岛素即变为人胰岛素,大大消除抗原性。

4.酶蛋白的侧链基团修饰

酶蛋白的侧链基团是指组成蛋白质的氨基酸残基上的功能团,主要包括氨基、羧基、巯基、胍基、酚基等。这些基团可以形成各种副键,对酶蛋白空间结构的形成和稳定有重要作用。侧链基团一旦改变将引起酶蛋白空间构象的改变,从而改变酶的特性和功能。

通过酶的侧链基团修饰,可以提高酶的活力、增加酶的稳定性、降低酶的抗原性,并且可能引起酶催化特性和催化功能的改变,以提高酶的使用价值。

此外,酶蛋白的侧链基团修饰还可以用于研究各种基团在酶分子中的作用及其对酶的结构、特性和功能的影响,在研究酶的活性中心中的必需基团时经常采用。如果某基团修饰后不引起酶活力的变化,则可以认为此基团是非必需基团;如果某基团修饰后使酶活力显著降低或丧失,则此基团很可能是酶催化的必需基团。

(二)物理修饰

通过物理因素,特别是极端条件(高温、高压、高盐、极端 pH 值等)的作用,不改变酶的组成单位及其基团,不改变其共价键,只是在物理因素的作用下,副键发生某些变化和重排。

酶分子的空间构象的改变还可以在某些变性剂的作用下,首先使酶分子原有的空间构象破坏,然后在不同的物理条件下,使酶分子重新构建新的空间构象。例如,首先用盐酸胍使胰蛋白酶的原有空间构象被破坏,通过透析除去变性剂后,再在不同的温度条件下,使酶重新构建新的空间构象。结果表明,在 20℃ 的条件下重新构建的胰蛋白酶与天然胰蛋白酶的稳定性基本相同,而在 50℃ 的条件下重新构建的酶的稳定性比天然酶提高 5 倍。

二、酶的固定化

酶作为生物催化剂已被广泛应用于酿造、食品、医药等领域。在酶的应用过程中,人们注意到酶的一些不足之处,如稳定性差(即使在最适条件下,随着反应时间的延长,也往往会很快失活,反应速度会逐渐下降),对强酸强碱敏感;反应后不能回收,只能使用一次;分离纯化困难,只能采用分批法生产等,对于现代工业来说还不是一种理想的催化剂。

如果能设计一种方法,通过化学或物理的手段将酶定位于限定的空间区域内,但仍能进行底物和效应物(激活剂或抑制剂)的分子交换,保持其活性。经固定化的酶既具有酶的催化性质,又具有一般化学催化剂能回收、反复利用的优点,在大多数情况下,也能提高酶的稳定性。因此,在生产工艺上能够实现连续化、自动化,提高酶的使用效率,降低成本。

(一)固定化方法

1.吸附法

用水不溶性载体(如多孔玻璃、活性炭、氧化铝、硅胶磷酸钙、淀粉、金属氧化物等)将酶吸附于其表面的一种固定化方法。物理吸附法具有酶活性中心不易被破坏和酶高级结构变化少等优点,但一般吸附力较弱,酶容易脱落。

2.结合法

酶通过离子键、共价键结合于水不溶性载体的固定化方法。通过离子键和离子交换剂结合,该方法操作简单、处理条件温和、酶的高级结构和活性中心的氨基酸不易被破坏,能得到酶活回收率较高的固定化酶。

共价结合法是载体结合法中报道最多的方法。该法的优点是酶与载体结合牢固,一般不会因底物浓度高或存在盐类等原因而轻易脱落。所用载体分为三类:天然有机载体(如多糖、蛋白质、细胞)、无机物(玻璃、陶瓷等)和合成聚合物(聚酯、聚胺、尼龙等)。

3.交联法

用双功能或多功能试剂使酶分子之间交联的固定化方法。此法也是利用共价键固定酶的,所不同的是它不使用载体。作为交联剂的有戊二醛、异氰酸酯、双重氮联苯胺等。

4.包埋法

包埋法一般不需要与酶蛋白的氨基酸残基进行结合反应,很少改变酶的高级结构,酶活回收率较高。

将酶或微生物包埋在高分子凝胶细微网格中,载体材料有聚丙烯酰胺、聚乙烯醇和光敏树脂等合成高分子化合物以及淀粉、明胶、胶原、海藻酸和角叉莱胶等天然高分子化合物。

将酶或微生物包埋在高分子半透膜中,通常形成直径为几微米到几百微米的球状体,比较有利于底物和产物扩散,但是反应条件要求高,制备成本也高。

(二)固定化酶的应用

固定化酶既保持了酶的催化特性,又克服了游离酶的不足之处,具有如下显著的优点:(1)酶的稳定性增加,减少温度、pH 值、有机溶剂和其他外界因素对酶的活力的影响,可以较长期地保持较高的酶活力。(2)固定化酶可反复使用或连续使用较长时间,提高酶的利用价值,降低生产成本。(3)固定化酶易于和反应产物分开,有利于产物的分离纯化,从而提高产品质量。

固定化酶已广泛地应用于食品、轻工、医药、化工、分析、环保、能源和科学研究等领域。

1. 在工业上的应用

经过近 20 年的发展和完善,1969 年,日本的千烟一郎首次将固定化氨基酰化酶用于生产 L-氨基酸,开创了固定化酶应用的新局面。此后,葡萄糖异构酶、天门冬氨酸酶、青霉素酰化酶、延胡索酸酶、b-半乳糖苷酶、天门冬氨酸-b-脱羧酶等多种酶先后用于工业化生产。

(1) 氨基酰化酶

这是世界上第一种工业化生产的固定化酶。1969 年,日本田边制药公司将氨基酰化酶与 DEAE-葡聚糖凝胶通过离子键结合法制成了固定化酶,将 L-乙酰氨基酸水解生成 L-氨基酸,用来拆分 DL-乙酰氨基酸,连续生产 L-氨基酸。剩余的 D-乙酰氨基酸经过消旋化,生成 DL-乙酰氨基酸,再进行拆分。生产成本仅为用游离酶生产成本的 60% 左右。

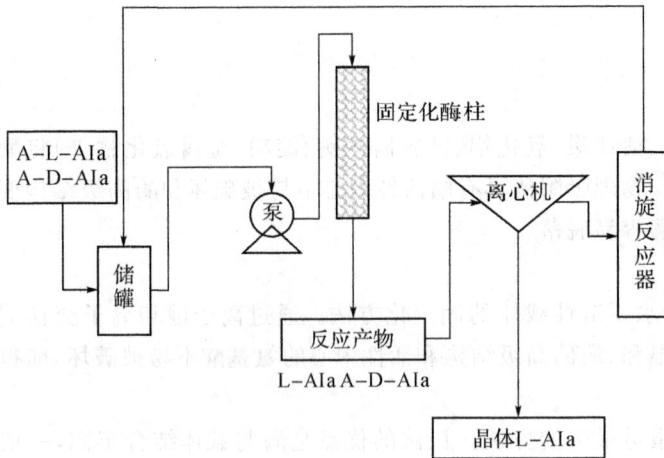

图 5-9　固定化氨基酰化酶生产 L-AIa

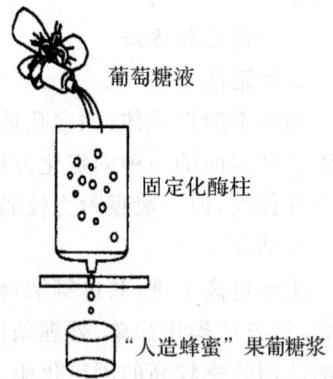

图 5-10　固定化葡萄糖异构酶生产果葡糖浆

(2) 葡萄糖异构酶

这是世界上生产规模最大,应用最为成功的一种固定化酶。将培养好的含葡萄糖异构酶的放线菌细胞用 60～65℃ 热处理 15min,该酶就固定在菌体上,制成固定化酶,催化葡萄糖异构化成果糖,用于连续生产果葡糖浆。

2. 在医学上的应用

(1) 固定化纤溶酶消血栓

近年来出现的纤溶酶药物注射到血栓病人身上能使堵塞毛细血管的血纤维蛋白溶解,缓解或消除血栓症状。但纤溶酶是异源蛋白质,在人体内引起免疫反应,无法长期使用。另外,酶的不稳定性使其在较短的时间内失活。用包埋法制备的酶固定化技术可克服上述弊端,酶在囊中不能漏出,小分子物质能自由进出。

(2) 人工肾

肾衰竭病人会因为肾功能的彻底丧失无法排除尿素等代谢废物而得尿毒症。用固定化脲酶和微胶囊活性炭组成人工肾有望给肾衰竭病人带来福音,人工肾中的脲酶将病人血液中的尿素水解成氨,再用活性炭吸附,从而消除尿毒症状。

3.在分析检测中的应用

（1）葡萄糖传感器和血糖测定仪

1967年，Updike等采用酶的固定化技术，将葡萄糖氧化酶固定在疏水膜上，然后再和氧电极结合，组装成了世界上第一个生物传感器——葡萄糖氧化酶电极。

葡萄糖氧化酶可催化 ß-D-葡萄糖和 O_2 反应生成 D-葡萄糖酸-1,5-内酯和 H_2O_2，根据反应中消耗的 O_2、生成的葡萄糖酸和 H_2O_2 的量，可以用氧电极、pH 电极和 H_2O_2 电极来测定葡萄糖的含量。

酶传感器主要由固定化酶膜和变换器组成，固定化酶膜选择性地"识别"并催化被检测物质发生化学反应；变换器把催化反应中底物或产物的变量转换成电信号，通过仪表显示出来。

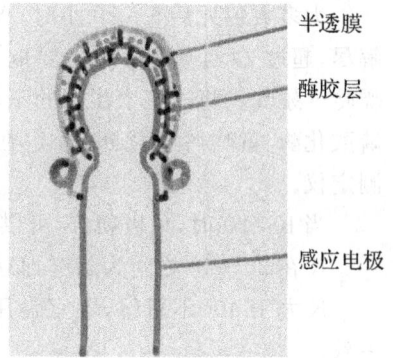

图 5-11 葡萄糖氧化酶电极

半透膜
酶胶层
感应电极

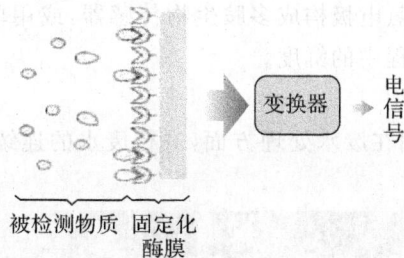

被检测物质 固定化酶膜

变换器 → 电信号

图 5-12 酶传感器工作原理示意图

用葡萄糖氧化酶制成葡萄糖传感器，可测定血液中葡萄糖浓度。

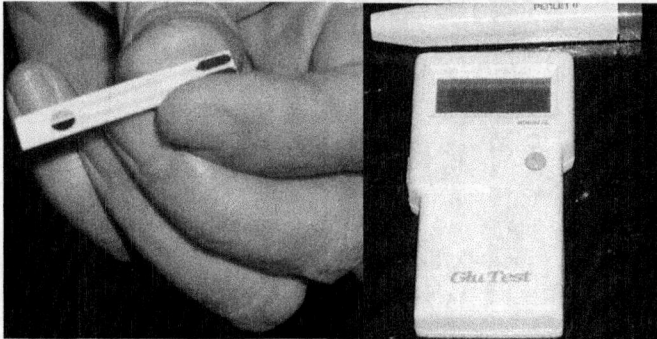

图 5-13 手掌型葡萄糖分析仪

（2）水质监测酶传感器

酶传感器还可用于水质监测。如用化学法测定酚时，硫化物、油类等可干扰其测定。从马铃薯中提纯、经吸附交联得到的固定化多酚氧化酶与氧电极构成的酚传感器，可检测大多数酚类化合物。

（3）鱼鲜度传感器

鱼鲜度传感器在日本、加拿大等国广泛用于鱼类鲜度的测定。鱼死后体内 ATP 经酶解依次形成 ADP、AMP、IMP、肌苷、次黄嘌呤和尿酸。鲜度可用 K 值表示：

K＝肌苷＋次黄嘌呤/ATP＋ADP＋AMP＋IMP＋肌苷＋次黄嘌呤＋尿酸

大多数鱼死后5~20小时,ATP,ADP和AMP已分解尽,超过24小时,鲜度主要取决于 IMP—肌苷—次黄嘌呤—尿酸。将这三个步骤的三种酶(5′-核苷酸酶、核苷磷酸化酶、黄嘌呤氧化酶)固定在氧电极上,制成鱼鲜度测定仪。

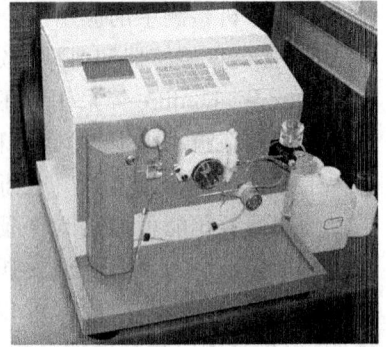

当 K＜20 时,鱼极新鲜,可供生食。

K 在 20~40 之间为新鲜,必须熟食。

K 大于 40,不新鲜,不宜食用,这与嗅觉检验结果相一致。

图 5-14　德国研发的环境废水 BOD 分析仪

(4)肉鲜度传感器

肉类在腐败过程中会产生各种胺类,故胺类测定能反映肉类的新鲜程度。

用腐胺氧化酶与过氧化氢电极构成多胺生物传感器,或用单胺氧化酶膜和氧电极组成的酶传感器测定肉在贮藏过程中的鲜度。

4.在废水处理方面的应用

此外,固定化酶还可以用在废水处理方面,进行废水的连续处理。图 5-15 即为固定化酶技术治理印染废水。

图 5-15　固定化酶技术治理印染废水

第四节　酶的应用

酶作为一种催化剂,已广泛地应用于工业、农业、医药、环保及科研等领域。近几十年来,随着酶工程的迅猛发展,酶在生物工程、生物传感器、环保、医药等方面的应用也日益扩大,可以说酶已成为国民经济中不可缺少的一部分,现实生活中,人们的衣、食、住、行及其他方面的新技术几乎都离不开酶。酶分子修饰,酶和细胞固定化等酶工程技本的发展,使酶的应用显示出更加广阔美好的前景。

一、酶在医药方面的应用

随着对疾病发生的分子机制的深入了解,医药用酶的应用范围越来越广泛。酶在医药领域主要是用于疾病的诊断、治疗和制造药物。

（一）疾病诊断方面的应用

疾病治疗效果的好坏,在很大程度上取决于诊断的准确性。疾病诊断的方法很多,其中酶学诊断发展迅速。由于酶催化的高效性和特异性,酶学诊断方法具有可靠、简便、快捷的特点,在临床诊断中已被广泛应用。

酶学诊断方法包括两个方面,一是根据体内原有酶活力的变化来诊断某些疾病;二是利用酶来测定体内某些物质的含量,从而诊断某些疾病。

1.根据体液内酶活力的变化诊断疾病

一般健康人体液内所含有的某些酶的量是恒定在某一范围的。当人体某些器官和组织受损或发生疾病后,某些酶被释放入血、尿或体液内。如急性胰腺炎时,血清和尿中淀粉酶活性显著升高;肝炎和其他原因肝脏受损,肝细胞坏死或通透性增强,大量转氨酶释放入血,使血清转氨酶升高;心肌梗塞时,血清乳酸脱氢酶和磷酸肌酸激酶明显升高。许多中毒性疾病几乎都是由于某些酶被抑制所引起的。因此,借助血、尿或体液内酶的活性测定,可以了解或判定某些疾病的发生和发展。

【知识拓展】

有机磷农药和重金属离子的中毒机理

如常用的有机磷农药（如敌百虫、敌敌畏、1059以及乐果等）中毒时,就是因它们与胆碱酯酶活性中心必需基团丝氨酸上的一个—OH结合而使酶失去活性。胆碱酯酶能催化乙酰胆碱水解成胆碱和乙酸,当胆碱酯酶被抑制失活后,乙酰胆碱水解作用受抑,造成乙酰胆碱堆积,出现一系列中毒症状,如肌肉震颤、瞳孔缩小、多汗、心跳减慢等。当有机磷农药中毒时,胆碱酯酶活性受抑制,血清胆碱酯酶活性下降;某些金属离子引起人体中毒,则是因为金属离子（如 Hg^{2+}）可与某些酶活性中心的必需基团（如半胱氨酸的—SH）结合而使酶失去活性。

表 5-2 通过酶活力变化进行疾病诊断

酶	疾病与酶活力变化
淀粉酶	胰脏疾病,肾脏疾病时升高;肝病时下降
胆碱酯酶	肝病、肝硬化、有机磷中毒、风湿等,活力下降
酸性磷酸酶	前列腺癌、肝炎、红血球病变时,活力升高
碱性磷酸酶	佝偻病、软骨化病、骨瘤、甲状旁腺机能亢进时,活力升高;软骨发育不全等,活力下降

续表

酶	疾病与酶活力变化
谷丙转氨酶	肝病、心肌梗塞等,活力升高
谷草转氨酶	肝病、心肌梗塞等,活力升高
γ-谷氨酰转肽酶(γ-GT)	原发性和继发性肝癌,活力增高至 200 单位以上,阻塞性黄疸、肝硬化、胆道癌等,血清中酶活力升高
醛缩酶	急性传染性肝炎、心肌梗塞,血清中酶活力显著升高
精氨酰琥珀酸裂解酶	急、慢性肝炎,血清中酶活力增高
胃蛋白酶	胃癌,活力升高;十二指肠溃疡,活力下降
磷酸葡糖变位酶	肝炎、癌症,活力升高
β-葡萄糖醛缩酶	肾癌及膀胱癌,活力升高
碳酸酐酶	坏血病、贫血等,活力升高
乳酸脱氢酶	肝癌、急性肝炎、心肌梗塞,活力显著升高;肝硬化,活力正常
端粒酶	癌细胞中含有端粒酶,正常体细胞内没有端粒酶活性
山梨醇脱氢酶(SDH)	急性肝炎,活力显著提高
5′-核苷酸酶	阻塞性黄疸、肝癌,活力显著增高
脂肪酶	急性胰腺炎,活力明显增高,胰腺癌、胆管炎患者,活力升高
肌酸磷酸激酶(CK)	心肌梗塞,活力显著升高;肌炎、肌肉创伤,活力升高
α-羟基丁酸脱氢酶	心肌梗塞、心肌炎,活力增高
单胺氧化酶(MAO)	肝脏纤维化、糖尿病、甲状腺机能亢进,活力升高
磷酸己糖异构酶	急性肝炎,活力极度升高;心肌梗塞、急性肾炎、脑溢血,活力明显升高
鸟氨酸氨基甲酰转移酶	急性肝炎,活力急速增高;肝癌,活力明显升高
乳酸脱氢酶同工酶	心肌梗塞、恶性贫血,LDH$_1$ 增高;白血病、肌肉萎缩,LDH$_2$ 增高;白血病、淋巴肉瘤、肺癌,LDH$_3$ 增高;转移性肝癌、结肠癌,LDH$_4$ 增高;肝炎、原发性肝癌、脂肪肝、心肌梗塞、外伤、骨折,LDH$_5$ 增高
葡萄糖氧化酶	测定血糖含量,诊断糖尿病
亮氨酸氨肽酶(LAP)	肝癌、阴道癌、阻塞性黄疸,活力明显升高

2.用酶测定体液中某些物质的量诊断疾病

酶具有专一性强、催化效率高等特点,可以利用酶来测定体液中某些物质的含量从而诊断某些疾病。例如:利用葡萄糖氧化酶和过氧化氢酶的联合作用,检测血液或尿液中葡萄糖的含量,从而作为糖尿病临床诊断的依据,这两种酶都可以固定化后制成酶试纸或酶电极,可十分方便地用于临床检测。

表 5-3　用酶测定物质的量的变化进行疾病诊断

酶	测定的物质	用　途
葡萄糖氧化酶	葡萄糖	测定血糖、尿糖,诊断糖尿病
葡萄糖氧化酶＋过氧化物酶	葡萄糖	测定血糖、尿糖,诊断糖尿病
尿素酶	尿素	测定血液、尿液中尿素的量,诊断肝脏、肾脏病变
谷氨酰胺酶	谷氨酰胺	测定脑脊液中谷氨酰胺的量,诊断肝昏迷、肝硬化
胆固醇氧化酶	胆固醇	测定胆固醇含量,诊断高血脂等
DNA 聚合酶	基因	通过基因扩增,基因测序,诊断基因变异、检测癌基因

(二)疾病治疗方面的应用

近年来,酶疗法已逐渐被人们所认识,广泛受到重视,各种酶制剂在临床上的应用越来越普遍。

蛋白酶可用于治疗多种疾病,是临床上使用最早、用途最广的药用酶之一。蛋白酶(多酶片的主要成分)在医药领域的应用最初是在消化药上,用于治疗消化不良和食欲不振。胰蛋白酶、糜蛋白酶等,能催化蛋白质分解,此原理已用于外科扩创,化脓伤口净化及胸、腹腔浆膜粘连的治疗等,去除坏死组织,抑制污染微生物的繁殖。

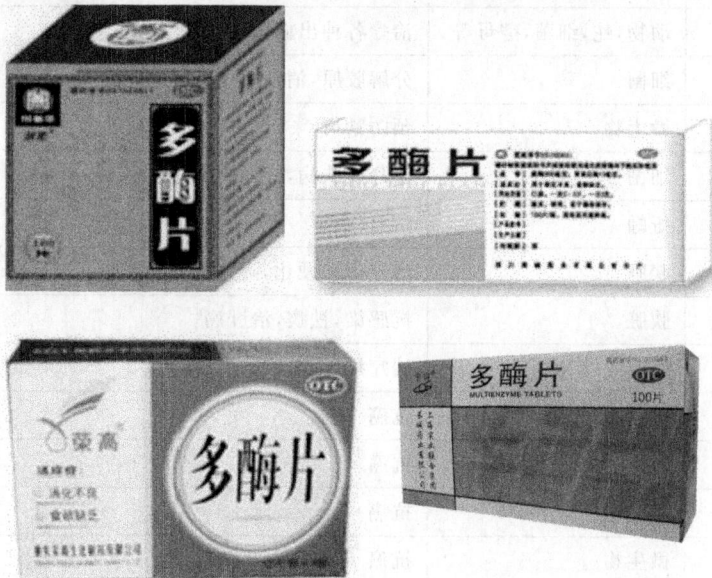

图 5-16　多种品牌的多酶片

溶菌酶破坏革兰氏阳性菌细胞壁而杀死细菌,用于治疗手术性出血、咯血、鼻出血,分解脓液,消炎镇痛,治疗外伤性浮肿,增强放射线治疗的效果等。

L-天冬酰胺酶是第一种用于治疗白血病的酶。因为癌细胞生长时需要天冬酰氨,L-天冬酰胺酶可以切断天冬酰胺的供给,因此对癌症,特别是白血病的治疗有显著疗效。

此外,在血栓性静脉炎、心肌梗塞、肺梗塞以及弥漫性血管内凝血等病的治疗中,可应用纤溶酶、链激酶、尿激酶等,以溶解血块,防止血栓的形成,更多酶在疾病治疗方面的应用见

表 5-4。

表 5-4　酶在疾病治疗方面的应用

酶	来　源	用　途
淀粉酶	胰脏、麦芽、微生物	治疗消化不良,食欲不振
蛋白酶	胰脏、胃、植物、微生物	治疗消化不良,食欲不振,消炎,消肿,除去坏死组织,促进创伤愈合,降低血压
脂肪酶	胰脏、微生物	治疗消化不良,食欲不振
纤维素酶	霉菌	治疗消化不良,食欲不振
溶菌酶	蛋清、细菌	治疗各种细菌性和病毒性疾病
尿激酶	人尿	治疗心肌梗塞,结膜下出血,黄斑部出血
链激酶	链球菌	治疗血栓性静脉炎,咳痰,血肿,下出血,骨折,外伤
链道酶	链球菌	治疗炎症,血管栓塞,清洁外伤创面
青霉素酶	蜡状芽孢杆菌	治疗青霉素引起的变态反应
L-天冬酰胺酶	大肠杆菌	治疗白血病
超氧化物歧化酶	微生物,植物,动物血液、肝脏等	预防辐射损伤,治疗红斑狼疮,皮肌炎,结肠炎,氧中毒
凝血酶	动物,蛇,细菌,酵母等	治疗各种出血病
胶原酶	细菌	分解胶原,消炎,化脓,脱痂,治疗溃疡
右旋糖酐酶	微生物	预防龋齿
胆碱酯酶	细菌	治疗皮肤病,支气管炎,气喘
溶纤酶	蚯蚓	溶血栓
弹性蛋白酶	胰脏	治疗动脉硬化,降血脂
核糖核酸酶	胰脏	抗感染,祛痰,治肝癌
尿酸酶	牛肾	治疗痛风
L-精氨酸酶	微生物	抗癌
L-组氨酸酶	微生物	抗癌
L-蛋氨酸酶	微生物	抗癌
谷氨酰胺酶	微生物	抗癌
α-半乳糖苷酶	牛肝,人胎盘	治疗遗传缺陷病(弗勃莱症)
核酸类酶	生物,人工改造	基因治疗,治疗病毒性疾病
降纤酶	蛇毒	溶血栓
木瓜凝乳蛋白酶	番木瓜	治疗腰椎间盘突出,肿瘤辅助治疗
抗体酶	分子修饰,诱导	与特异抗原反应,清除各种致病性抗原

（三）在药物生产方面的应用

酶在药物制造方面的应用是利用酶的催化作用将前体物质转变为药物。这方面的应用日益增多。现已有不少药物包括一些贵重药物都是由酶法生产的。

如某种抗生素使用时间久了，病原菌就会产生相应的耐药性，对药物反应降低、产生抵抗性能。青霉素酰化酶可将易形成抗药性的青霉素改造成杀菌力更强的氨苄青霉素等半合成抗生素。

如 β-酪氨酸酶可催化 L-酪氨酸或邻苯二酚生成二羟苯丙氨酸（多巴）。多巴是治疗帕金森综合征（一种神经性疾病，主要症状为手指颤抖，肌肉僵直，行动不便）的一种重要药物。

又如人胰岛素与猪胰岛素只有在 B 链第 30 位的氨基酸不同。无色杆菌蛋白酶可以特异性地水解除去胰岛素 B 链第 30 位的丙氨酸，然后使之与苏氨酸丁脂偶联，然后用三氟乙酸和苯甲醚除去丁醇，即得到人胰岛素。

表 5-5 酶在药物制造方面的应用

酶	主要来源	用 途
青霉素酰化酶	微生物	制造半合成青霉素和头孢菌素
11-β-羟化酶	霉菌	制造氢化可的松
L-酪氨酸转氨酶	细菌	制造多巴（L-二羟苯丙氨酸）
β-酪氨酸酶	植物	制造多巴
α-甘露糖苷酶	链霉菌	制造高效链霉素
核苷磷酸化酶	微生物	生产阿拉伯糖腺嘌呤核苷（阿糖腺苷）
酰基氨基酸水解酶	微生物	生产 L-氨基酸
5′-磷酸二酯酶	橘青霉等微生物	生产各种核苷酸
多核苷酸磷酸化酶	微生物	生产聚肌胞，聚肌苷酸
无色杆菌蛋白酶	细菌	由猪胰岛素（Ala-30）转变为人胰岛素（Thr-30）
核糖核酸酶	微生物	生产核苷酸
蛋白酶	动物、植物、微生物	生产 L-氨基酸
β-葡萄糖苷酶	黑曲霉等微生物	生产人参皂甙-Rh$_2$

【知识拓展】

抗生素耐药之危

中国药学会抗生素专业委员会委员、解放军总医院临床药理药学研究室主任王睿说："抗生素在我国各医院的应用病例、处方量、用药金额都是第一位的。我国住院患者 50% 以上都用过抗生素，而国外只有 30%；我国患者使用抗生素的花费达到用药经营的 30% 以上，而国外在 15% 到 30% 之间。目前，我国临床使用抗生素有 1/4 左右为不合理使用。滥用抗生素除了损害人体器官、导致二重感染、浪费医药资源外，最重要、最值得关注的是诱发细菌的耐药性。"

耐药性又称抗药性,一般指长期应用抗菌药使病原体对药物反应降低、产生抵抗性能的一种状态。创新的抗生素药研制周期一般是 10 年,而耐药菌在抗生素使用后一个月就能产生,其速度远远快于新药的开发速度。现在,耐药菌引起的严重感染是临床非常棘手的问题,尤其是在重症监护病房,许多患者死于多重耐药菌感染。

二、酶在食品工业方面的应用

食品工业是最早和最广泛应用酶的部门之一。目前已有几十种酶成功地用于食品工业。例如:葡萄糖、饴糖、果葡糖浆等的生产,蛋白质品加工,果蔬加工,食品保鲜以及改善食品的品质与风味等。

表 5-6　酶在食品工业中的应用

酶	来　源	主要用途
α-淀粉酶	枯草杆菌、米曲霉、黑曲霉	淀粉液化,制造糊精、葡萄糖、饴糖、果葡糖浆
β-淀粉酶	麦芽、巨大芽孢杆菌、多粘芽孢杆菌	制造麦芽,啤酒酿造
糖化酶	根霉、黑曲霉、红曲霉、内孢霉	淀粉糖化,制造葡萄糖、果葡糖
异淀粉酶	气杆菌、假单胞杆菌	制造直链淀粉、麦芽糖
蛋白酶	胰脏、木瓜、枯草杆菌、霉菌	啤酒澄清,水解蛋白、多肽、氨基酸
右旋糖酐酶	霉菌	糖果生产
果胶酶	霉菌	果汁、果酒的澄清
葡萄糖异构酶	放线菌、细菌	制造果葡糖、果糖
葡萄糖氧化酶	黑曲霉、青霉	蛋白加工、食品保鲜
柑苷酶	黑曲霉	水果加工,去除橘汁苦味
橙皮苷酶	黑曲霉	防止柑橘罐头及橘汁出现浑浊
氨基酰化酶	霉菌、细菌	由 DL-氨基酸生产 L-氨基酸
天冬氨酸酶	大肠杆菌、假单胞杆菌	由反丁烯二酸制造天冬氨酸
磷酸二酯酶	橘青霉、米曲霉	降解 RNA,生产单核苷酸用作食品增味剂
色氨酸合成酶	细菌	生产色氨酸
核苷磷酸化酶	酵母	生产 ATP
纤维素酶	木霉、青霉	生产葡萄糖
溶菌酶	蛋清、微生物	食品杀菌保鲜

（一）食品保鲜

酶法保鲜技术是利用生物酶的高效催化作用,防止或消除外界因素对食品的不良影响,从而保持食品原有的优良品质和特性的技术。由于酶具有专一性强、催化效率高、作用条件温和等特点,可广泛地应用于各种食品的保鲜,有效地防止外界因素,特别是氧化和微生物对食品所造成的不良影响。

葡萄糖氧化酶(Glucose oxidase)是一种氧化还原酶,它可催化葡萄糖和氧反应,生成葡萄糖酸和双氧水。将葡萄糖氧化酶与食品一起置于密封容器中,在有葡萄糖存在的条件下,该酶可有效地降低或消除密封容器中的氧气,从而有效地防止食品成分的氧化作用,起到食品保鲜作用。

溶菌酶是一种无毒、无害、安全性很高的蛋白质,能选择性地水解细菌细胞壁中的黏多肽,从而使其裂解和死亡。溶菌酶对革兰氏阳性细菌、枯草杆菌、芽孢杆菌、好气性孢子形成菌等,有较强的溶菌作用,对大肠杆菌、普遍变形菌和副溶血性弧菌等革兰氏阴性菌也有一定程度溶解作用。溶菌酶现已广泛应用于水产品、肉食品、蛋糕、清酒、料酒、饮料以及日用化妆品的防腐剂。如日本就把溶菌酶用于清酒的防腐。

面包在贮藏过程中会产生非常显著的老化现象:表皮干裂、内部组织变硬、易掉渣、风味损失等,丧失了食用功能。面包老化主要是由于水分的损失、重新分配及结构的变化所导致的。实验观察发现,适量添加木聚糖酶可延缓面包的老化,面包在贮藏7天后,其硬度和弹性没有明显的变化。木聚糖酶同样可以应用在馒头、蛋糕等其他小麦食品中,通过改善面团的持水性和面筋结构,进而改善其品质,并延长其货价期。

此外,针对绿茶饮料浑浊沉淀的问题,可在绿茶中加入果胶酶,用来分解茶汤中的果胶沉淀物质,同时可使茶叶在低温下萃取,避免高温对茶汤色泽和风味的破坏。

(二)酶在淀粉类食品生产方面的应用

淀粉类食品是指含大量淀粉或以淀粉为主要原料加工而成的食品,是世界上产量最大的一类食品。淀粉可以通过水解作用生成糊精、低聚糖、麦芽糊精和葡萄糖等产物。在淀粉类食品的加工中,多种酶被广泛地应用,其中主要的有 α-淀粉酶、β-淀粉酶、糖化酶、支链淀粉酶、葡萄糖异构酶等。生产的产品有葡萄糖、果葡糖浆、饴糖、麦芽糖、麦芽糊精等。

现在国内外葡萄糖的生产绝大多数是采用淀粉酶水解的方法。酶法生产葡萄糖是以淀粉为原料,先经 α-淀粉酶液化成糊精,再利用糖化酶生成葡萄糖。果葡糖浆是由葡萄糖异构酶催化葡萄糖异构生成果糖,而得到含有葡萄糖和果糖的混合糖浆。大家小时候爱吃的饴糖则是以碎米粉等为原料,先用细菌淀粉酶液化,再加少量麦芽糖糖化制成的麦芽糖和糊精的混合物。

【知识拓展】

表 5-7　制造葡萄糖时酸糖化法与酶糖化法的对比

	酸糖化法	酶糖化法
原料淀粉	需高度精制	不必精制
投料浓度	约25%	50%
水解率	约90%	98%以上
糖化时间	约60min	24~48h
设备要求	需耐酸耐压(pH2.0,0.3Mpa)	不需耐酸耐压(pH4.5,常温,常压)
糖化液状态	有强烈苦味,色泽深	无苦味与色素生成
管理要求	管理困难,水解终止要中和	只需保温(55℃),不必中和
收率	结晶收率70%	结晶收率80%,全糖收率100%

（三）在蛋白质制品加工方面的应用

蛋白质是食品中的营养成分之一。以蛋白质为主要成分的制品称为蛋白质制品，如蛋制品、鱼制品和乳制品等。

酶在蛋白质制品加工方面的应用也很广泛，通过多种蛋白酶的作用生产多功能肽及各种氨基酸已经是营养保健行业常见的加工方法，此外，还可用于提高风味、改善营养价值以及改变物理性质等。如使用凝乳蛋白酶制造奶酪；用乳糖酶水解乳中的乳糖，生产低乳糖奶，在 1977 年已可用固定化乳糖酶连续生产；用过氧化氢酶除去杀菌处理后残存在牛奶或奶酪中的过氧化氢；利用蛋白酶生产可溶性的鱼蛋白粉，鱼露、肉类水解蛋白等；用木瓜蛋白酶制成嫩肉粉，使肉食嫩滑可口；用蛋白酶生产明胶；用葡萄糖氧化酶除去全蛋粉、蛋黄粉或蛋白片中存在的少量葡萄糖，以防止褐变，提高产品质量；用三甲基胺氧化酶使鱼制品脱除腥味等。

【知识拓展】

嫩肉粉

嫩肉粉又称嫩肉晶，其主要作用在于利用蛋白酶对肉中的弹性蛋白和胶原蛋白进行部分水解，使肉类制品口感达到嫩而不韧、味美鲜香的效果。由于其嫩化速度快且效果明显，因此目前已广泛应用于餐饮行业。嫩肉粉的主要成分为蛋白酶，如木瓜蛋白酶、菠萝蛋白酶或米曲霉蛋白酶等，最常用的是木瓜蛋白酶，其加工工艺是将未成熟的木瓜果实割口，收集其乳汁，然后通过一系列加工得到木瓜蛋白酶，再添加一定比例的其他辅助剂，即制成了嫩肉粉。

图 5-16　嫩肉粉

（四）酶在果蔬加工中的应用

果蔬类食品主要包括果汁、果酒、果酱和果蔬罐头等。在果蔬加工过程中，可以加入各种酶，以提高果蔬类食品加工生产产量和质量。

1.水果罐头加工

制作橘子罐头时需除橘瓣囊衣，过去使用碱处理法，既耗水，又费时。现采用黑曲霉产生的半纤维素酶、果胶酶和纤维素酶的混合物，可很好地除去橘瓣囊衣，而避免上述缺点。橘子罐头常发白色浑浊，这是同橘肉中橙皮苷造成的。采用橙皮苷酶，可将橙皮苷水解成为水溶性的橙皮素，从而消除橘子罐头的白浊现象。桃果实含有红色花青素，罐藏时同金属离子作用而呈紫褐色。采用花青素酶处理桃酱、葡萄汁等，花青素酶可以水解花青色素，使之变为无色物质，提高经济价值。

2.柑橘类脱苦

柑橘类脱苦问题历来是果品加工中的一大问题。橘子中的柠檬苦素是引起橘汁产生苦味的原因，利用球形节杆菌固定化细胞的柠檬酶处理即可消除苦味。

3.果汁加工

水果中均含有果胶物质。果胶的重要特性之一，就是在酸性和高浓度的糖存在时，即可形成凝胶。这一性质是制造果冻、果酱的基础。但在果汁加工时，却造成了压榨、澄清的困难。现采用果胶酶处理破碎的果实,即可加速果汁过滤和促进澄清。

4.水果蔬菜贮藏

用葡萄糖氧化酶除去脱水蔬菜的糖分可防止贮藏过程中发生褐变。瓶装橘汁贮藏时因氧化而使色香味变劣,采用葡萄糖氧化酶、过氧化氢酶去氧即可保持果汁原有的色香味。水果冷冻贮藏时,由于果实自身的酶作用而发酵变质,也可用葡萄糖氧化酶保鲜。

5.酶在改善食品品质与风味中的应用

酶不仅广泛用于食品的制造与加工,而且在改善食品的品质和风味方面大有用场。

风味酶的发现和应用,在食品风味的再现、强化和改变方面有广阔应用前景。如用洋葱风味酶处理甘蓝等蔬菜,可使被处理的蔬菜呈现出洋葱的风味;用奶油风味酶作用于含乳脂的巧克力、冰淇淋、人造奶油等食品,可使这些食品增强奶油的风味。一些食品在加工或贮藏过程中,可能会使原有的风味减弱或失去,若在这些食品中添加各自特有的风味酶,则可使它们恢复甚至强化原来的天然风味。

用纤维素酶及果胶酶处理过的槟榔,硬组织软化,方便食用,提高适口性,便于咀嚼。通过纤维素酶、果胶酶、蛋白酶等多种酶作用,去除动植物天然食品中不易吸收的成分,提高营养价值,更适合婴幼儿的营养吸收。

三、酶在轻工方面的应用

酶在轻工业方面的应用,概括起来主要有以下三个方面:(1)原料处理;(2)用酶生产各种产品;(3)用酶增强产品的使用效果。

(一)原料处理

许多轻工原料在应用或加工之前都需要经过原料处理。用酶处理原料可以缩短原料处理时间,提高处理效果,提高产品质量等。

1.发酵原料的处理

酵母或细菌等微生物进行酒精、酒类、甘油、乳酸、氨基酸核苷酸等生产时,大多数以淀粉、纤维素为主要原料。由于有些微生物本身缺乏淀粉酶和纤维素酶,因而无法直接利用这些原料。因此必须经过原料处理,将原料转化为微生物可利用的小分子物质。

2.纺织原料的处理

在纺织工业中,为了增强纤维的强度和光滑性,便于纺织,需要先行上浆。将淀粉用 α-淀粉酶处理一段时间,使黏度达到一定程度就可用作上浆的浆料。纺织品在漂白、印染之前,还须将附着在其上的浆料除去,利用 α-淀粉酶使浆料水解,就可使浆料褪尽,这称为退浆。有些纺织品上浆使用的是动物胶作胶浆,可用蛋白酶使之退浆。

3.造纸原料的制浆

造纸原料的纤维中含有大量木质素,它容易使纸变为褐色,强度降低。通常使用碱性硫酸盐和二氯化盐处理以除去木质素,这些化学药品的致癌性已被证实,因而造成严重的环境污染。用木质素酶可以使木质素水解,这样不但可以提高纸的质量,而且使环境污染的程度大为减轻。

4.生丝的脱胶处理

天然蚕丝的主要成分是不溶于水的有光泽的丝蛋白。丝蛋白的表面有一层丝胶包裹着,在高级丝绸的制作过程中,必须进行脱胶处理,以提高丝的质量。采用胰蛋白酶、木瓜蛋白酶或微生物蛋白酶处理,可在比较温和的条件下催化丝胶蛋白水解,进行生丝脱胶。

5.羊毛的除垢

羊毛表面有鳞状物质,即一些蛋白质聚合体。应用枯草杆菌蛋白酶处理后,可以消除鳞状物质,而且还使毛料具有防缩水性,防止羊毛起球,形成毛毡。处理后的毛料很柔软,易于染色。

(二)轻工产品制造方面的应用

利用酶的催化作用已可以生产 L-天冬氨酸、L-赖氨酸、肌苷酸(IMP)、5′-鸟苷酸、苹果酸、酒石酸和长链脂肪酸等多种产品。

在酱油或豆酱的生产中,利用蛋白酶催化大豆蛋白质水解,可以大大缩短生产周期,提高蛋白质的利用率。用蛋白酶还可以生产出优质低盐酱油或无盐酱油。此外,在酱油酿造过程中,添加一些纤维素酶等可以提高原料利用率。

在制革工业中,利用蛋白酶使原料皮脱毛,可以提高皮革产品质量,改善劳动环境。采用酸性蛋白酶和少量脂肪酶进行皮革软化,可以很好地除去污垢,使皮质松软透气,提高皮革质量。

【知识拓展】

用己内酰胺水解酶生产 L-赖氨酸

该法所用的原料 DL-α-氨基-ε-己内酰胺是由合成尼龙的副产品环己烯通过化学合成法得到的。原料中的 L-α-氨基-ε-己内酰胺,经 L-α-氨基-ε-己内酰胺水解酶作用后生成 L-赖氨酸。余下的 D-α-氨基-ε-己内酰胺在 α-氨基-ε-己内酰胺消旋酶的作用下变成 DL-型,再把其中的 L-型水解为 L-赖氨酸。如此重复进行,可把原料几乎都变成 L-赖氨酸。

(三)加酶增加产品的使用效果

在某些轻工产品中添加一定量的酶,可以显著地增加产品的使用效果。

1.加酶洗涤剂

衣服上的有机污垢 15％～40％以蛋白质与纤维结合的方式存在,如果将酶加入洗衣粉中,用酶来分解污物上的蛋白质、油脂及淀粉类物质,能有效地除去污垢,大大缩短洗涤时间,防止衣物发黄变色,提高洗涤效果。根据洗涤对象的不同,添加的酶有所差异。其中最广泛使用的是碱性蛋白酶。目前全世界所生产的酶之中,总产量的三分之一左右是碱性蛋白酶.碱性蛋白酶的大部分用于加酶洗涤剂。除了碱性蛋白酶之外,固体和液体洗涤剂中还可视需要添加淀粉酶、脂肪酶、果胶酶和纤维素酶等。

2.加酶牙膏、牙粉和漱口水

将适当的酶添加到牙膏、牙粉或漱口水中,可以利用酶的催化作用,增加洁齿效果,减少牙垢并防止龋齿的发生。可添加到洁齿用品中的酶有蛋白酶、淀粉酶、脂肪酶和右旋糖酐酶等。其中右旋糖酐酶对预防龋齿有显著效果。

3.加酶饲料

酶应用于饲料,其作用一为补充畜禽内源酶的不足,有助于提高畜禽健康水平和生产性能;另一作用为解除饲料中抗营养因子(饲料中对养分起拮抗作用的一些成分)。

幼龄或体弱的家禽、家畜体内蛋白酶、淀粉酶、脂肪酶等活性较弱,必须在饲料中给与补充,以提高畜禽的健康水平。此外,在饲料中添加纤维素酶、果胶酶、木聚糖酶等畜禽体内缺乏的酶,可有效提高饲料的利用率和转化率。

植酸酶可以解除植酸的抗营养作用,使无机磷的用量大幅度降低,降低饲料成本;显著降低猪、禽粪便排泄物中磷的含量,减少了磷对环境的污染;提高饲料中矿物元素,如钙、锌、铜、镁和铁等生物学利用率;增加饲料中蛋白质、氨基酸、淀粉和脂质等营养物质的利用率;提高动物采食量和日增重,改善动物生产性能。

4.加酶护肤品

在各种护肤品及化妆品中添加超氧化物歧化酶(SOD)、碱性磷酸酶、尿酸酶和弹性蛋白酶等,可有效地提高护肤效果。NovoNordisk 公司生产与化妆品相关的制品,含有可以清除皮肤表面死亡细胞的蛋白酶。另外为了清除皮肤表面的自由基,使用抗衰老的超氧化物歧化酶也在计划之中。

此外,酶在环境监测、废水处理、生物降解材料开发、乙醇生产、生物柴油制造、氢气生产等环保、能源方面的应用呈现出良好的发展前景。在细胞壁去除、大分子切割、分子拼接等生物工程领域也已大显身手。

【合作讨论】

1.酶的非水相催化。

2.酶在服装行业的应用。

3.蛋白酶的生产及应用。

4.淀粉酶的生产及应用。

5.果胶酶及其应用。

6.青霉素酰化酶与半合成抗生素。

第六章　发酵工程

知识目标：

　　了解发酵工程概念；

　　了解发酵工程历史；

　　了解发酵工艺流程；

　　掌握发酵方式及特点。

能力目标：

　　社会调研能力；

　　文献查阅能力；

　　培养学生的团结协作精神。

一、发酵与发酵工程

发酵(fermentation)的英文术语最初来自拉丁语"fervere"(发泡、沸涌)这个单词,它的意思是指酵母菌作用于果汁或发芽谷物,产生二氧化碳的现象,如同我们轻轻开启啤酒瓶盖后所看到的现象那样。被称为微生物学之父的法国科学家巴斯德(Louis Pasteur)第一个探讨了酵母菌酒精发酵的生理意义,将发酵现象与微生物生命活动联系起来考虑,并指出发酵是酵母菌在无氧状态下的呼吸过程,即无氧呼吸,是生物获得能量的一种方式。也就是说,发酵是在厌氧条件下,原料经过酵母等生物细胞的作用,菌体获得能量,同时,将原料分解为酒精和二氧化碳的过程。目前来看,巴斯德的观念还是正确的,但是,不是很全面,因为,发酵对于不同的对象,具有不同的意义。

对生物化学家来说,发酵是微生物在无氧时的代谢过程;而对工业微生物学家来说,发酵是指借助微生物在有氧或无氧条件下的生物活动,来制备微生物菌体本身或代谢产物。

当今人们把利用生物细胞(指微生物细胞、动物细胞、植物细胞、微藻)在有氧或无氧条件下的生命活动,来大量生产或积累微生物细胞、酶类和代谢产物的过程统称为发酵。

发酵工程是指利用生物细胞的特定性状,通过现代工程技术手段,在反应器中生产各种特定有用物质,或者把生物细胞直接用于工业化生产的一种工程技术系统。发酵工程涉及微生物学、生物化学、化学工程技术、机械工程、计算机工程等基本原理和技术,并将它们有机地结合在一起,利用生物细胞进行规模化生产,是生物加工与生物制造实现产业化的核心技术。

　　发酵工程技术主要包括提供优质生产菌种的菌种技术、实现大规模生产产品的发酵技术和获得合格产品的分离纯化技术。如图 6-1 为发酵工程一般流程图。

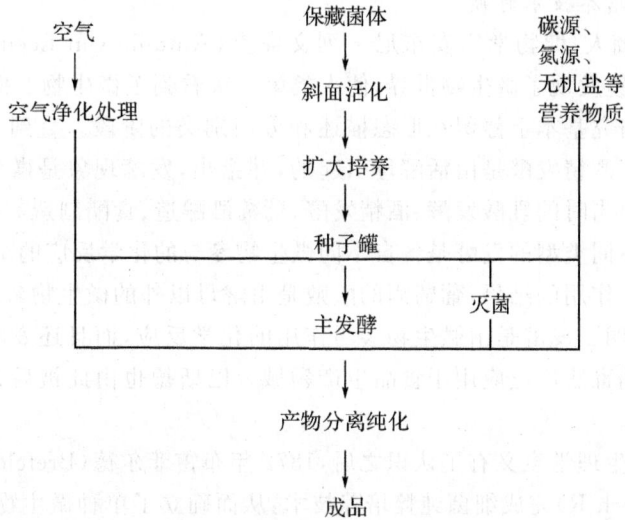

图 6-1　发酵工程一般流程图

　　从图中可以看出，发酵工程的主要内容包括：原料的选择与处理，无菌空气的制备、生物细胞的选育与扩大培养，反应器的选择与生产条件的控制，产品的分离纯化等。

【知识拓展】

巴氏消毒法的由来

　　在 19 世纪，法国的啤酒业在欧洲是很有名的，但啤酒常常会变酸，整桶芳香可口的啤酒，变成了酸得让人咧嘴的黏液，只得倒掉，这使酒商叫苦不迭，有的甚至因此而破产。1865年，里尔一家酿酒厂厂主请求巴斯德帮助医治啤酒的病，看看能否加进一种化学药品来阻止啤酒变酸。

　　巴斯德答应研究这个问题，他在显微镜下观察，发现未变质的陈年葡萄酒和啤酒，其液体中有一种圆球状的酵母细胞，当葡萄酒和啤酒变酸后，酒液里有一根根细棍似的乳酸杆菌，就是这种"坏蛋"在营养丰富的啤酒里繁殖，使啤酒"生病"。他把封闭的酒瓶放在铁丝篮子里，泡在水里加热到不同的温度，试图既杀死乳酸杆菌，而又不把啤酒煮坏。经过反复多次的试验，他终于找到了一个简便有效的方法：只要把酒放在摄氏五六十度的环境里，保持半小时，就可杀死酒里的乳酸杆菌，这就是著名的"巴氏消毒法"。这个方法至今仍在使用，市场上出售的消毒牛奶就是用这种办法消毒的。

二、发酵工程的发展史

（一）天然发酵技术时期

　　在几千年前，人们开始利用自然发酵现象，从事酿酒、酱、醋、奶酪、豆腐乳等生产。这些产品的生产过程都是凭借历年积累的相关发酵经验，在没有亲眼见到微生物的情况下，利用微生物的生产过程。当时,人们不知道发酵的本质,也就不会人为地控制发酵过程。这种完全凭借经验的天然发酵生产方式一直持续到 19 世纪。

(二)微生物纯培养技术时期

1680 年,荷兰商人、博物学家安东尼·列文虎克(Antonie van Leeuwenhoek),利用自己发明制造的显微镜发现了微生物世界,使人类第一次看到了微生物。但是,在此后的 200 年内,微生物学的研究基本上停留在形态描述和分门别类的阶段。直到 19 世纪中叶,巴斯德通过实验,证明了酒精发酵是由活酵母引起的,并指出,发酵现象是微生物进行的化学反应。之后,他连续对当时的乳酸发酵、酒精发酵、葡萄酒酿造、食醋制造等各种发酵现象进行研究,明确了这些不同类型的发酵是各自不同微生物参与的化学反应的结果。他明确指出,"酒精发酵是由酵母作用的结果,葡萄酒的酸败是由酵母以外的微生物参与发酵作用所引起的。"巴斯德不仅证明了发酵是由微生物参与作用的化学反应,而且还发明了著名的巴氏消毒法。目前,巴氏消毒法广泛应用于食品生产领域。巴斯德也由此被后人誉为微生物学鼻祖、发酵学之父。

自从对发酵的生理学意义有了认识之后,1872 年布雷菲尔德(Brefeld)创建了霉菌的纯粹培养法,科赫(Koch R)完成细菌纯粹培养技术,从而确立了单种微生物的纯培养技术,使发酵技术从先前的凭借经验的天然发酵转变为可以靠人类控制和调节的纯培养发酵。

从 19 世纪末到 20 世纪,人们开始了乙醇、甘油、丙酮、丁醇、乳酸、柠檬酸、淀粉酶和蛋白酶等的微生物纯种发酵生产。这些产品主要是一些厌氧发酵和表面固体发酵产品的初级代谢产物。在发酵生产中,人们为防止杂菌侵入,设计了便于灭除其他杂菌的密闭式发酵罐以及其他灭菌设备。此阶段的发酵工程,与之前的自然发酵是两个迥然不同的概念,具体表现出以微生物的纯种培养技术为主要特征的发酵技术。

(三)深层发酵技术时期

1928 年,弗莱明(Fleming A)发现青霉菌能抑制其菌落周围的细菌生长的现象,并证明了青霉素的存在。但是,由于当时青霉素的产量非常低,导致这一发现没有受到广泛重视。一直到 20 世纪 40 年代,第二次世界大战爆发,由于前线对抗生素的需求量非常大,从而推动了青霉素的研究进度。科学家们利用化学合成、固态发酵、液态发酵的方式进行青霉素生产,结果,实践表明,液态发酵最为理想,产量最高。由于青霉素生产是个需氧发酵,与以往的厌氧发酵区别很大,很容易受到杂菌污染,人们借鉴丙酮丁醇的发酵经验,成功创立了液态深层发酵技术。该技术包括向发酵罐内通无菌空气,发酵罐内安装提高发酵罐溶氧能力的搅拌器,培养基的灭菌和无菌接种技术,发酵过程中温度、pH、通风量的控制等。青霉素发酵从最初的浅盘培养到深层培养,同时配合发酵条件的改善和下游分离技术的成熟,使青霉素的生产水平有了很大提高,其中发酵水平从液体浅盘发酵的 40U/ml 效价提高到 200U/ml。青霉素的迅速发展,推动了抗生素工业乃至整个发酵工业的快速发展。1944 年,人们发现了用于治疗结核杆菌引起的感染的链霉素,随后,又陆续发现金霉素、土霉素等抗生素。此阶段的发酵工程表现出的主要特征是微生物液态深层发酵技术的应用。

(四)微生物酶转化及代谢调控技术的应用

1950—1960 年,随着基础生物科学,如生物化学、酶学、微生物遗传学等学科的飞速发展,再加上新型分析方法和分离方法的发展,发酵工程领域有了两个显著进步。其一是采用微生物进行甾体化合物的转化技术,其二是以谷氨酸等发酵生产成功为代表的代谢控制发酵技术的出现。前者以美国为中心,采用微生物的生化反应,将甾体转化成副肾上腺皮质激素、性激素等技术,进行了广泛研究,成功将几个甾体化合物系列的激素投入工业化生产。后者是1956年由日本的木下祝郎弄清楚了生物素对细胞膜通透性的影响,在培养基中限量提供生物素影响了膜磷脂的合成,从而使细胞膜的通透性增加。1957年,日本将这一技术应用到谷氨酸发酵生产中,从而首先实现了L—谷氨酸的工业化生产。谷氨酸工业化发酵生产的成功促进了代谢调控理论的研究,采用营养缺陷型及类似物抗性突变株实现了L—赖氨酸、L—苏氨酸等的工业化生产。此阶段称为发酵工程的第三个里程碑——以微生物酶转化及代谢调控技术为主要特征。

（五）微生物发酵原料的拓宽

1960—1970年这段时期,微生物代谢调控技术在发酵工程中得到了广泛的应用,几乎所有的氨基酸和核苷酸物质都可以采用发酵法生产。同时,石油微生物的发现,发酵原料多样化开发研究的开展,促进了单细胞蛋白发酵工业的兴起,使发酵原料由过去单一性碳水化合物向非碳水化合物过渡。从过去仅仅依靠农产品的状况,过渡到从工厂、矿业资源中寻找原料,开辟了非粮食（如甲醇、甲烷、氢气等）发酵技术,拓宽了原料来源的途径。此时期称为发酵工程的第四个里程碑——以发酵原料的转变或拓宽为主要特征。

（六）微生物基因工程育种

1953年,华特逊（Watson J D）与克里克（Crick F H C）提出了DNA的双螺旋结构,为基因重组奠定了基础。20世纪70年代成功地实现了基因的重组和转移。随着重组DNA技术的发展,人们可以按预定方案把外源目的基因克隆到容易大规模培养的微生物（如大肠杆菌、酵母菌）细胞中,通过微生物的大规模发酵生产,即可得到原先只有动物或植物才能生产的物质,如胰岛素、干扰素、白细胞介素和多种细胞生长因子等。从过去烦琐的随机选育生产菌株朝着定向育种转变,这给发酵工程带来了划时代的变革,被称为发酵工程的第五个里程碑——以引入基因工程,达到微生物定向育种为主要特征。

【知识拓展】

青霉素的发现

提到青霉素,人们都认为是弗莱明发现的。其实,在当时,弗莱明只是发现了有这个物质的存在,真正使之成为药物的是另两位科学家——霍华德·弗洛里和厄恩斯特·钱恩,是他们证明了青霉素的功效,并把这项技术奉献给人类,从此开创了抗生素时代。

1928年,弗莱明外出休假回来,发现一只未经刷洗的废弃的培养皿中长出了一种神奇的霉菌。他发现这种霉菌有抗菌作用——细菌覆盖了器皿中没有沾染这种霉菌的所有部位。当时,他发现感染的细菌是葡萄球菌,它是一种严重的、有时是致命的感染源。进一步研究发现,这种霉菌液还能够阻碍其他多种病毒性细菌的生长。青霉素（弗莱明在确认这种霉菌是一种青霉菌之后选定了这个名字）是否就是他长期以来一直在寻找的天然抗菌素?它是可敷在伤口上的有效杀菌剂吗?进一步的试验表明,这种抗菌素作用缓慢,且很难大量生产。他当时的热情也随之降了下来。在他转向其他研究项目之前,他在1929年发表的一篇论文中介绍了自己的上述发现,但当时这篇论文并未引起人们的重视。

弗莱明在论文中提到青霉素可能是一种抗菌素,仅此而已。他没有开展观察青霉素治疗效果的系统试验。他给健康的兔子和老鼠都注射过细菌培养液的过滤液——进行青霉素的毒性试验，但从未给患病的动物注射过。如果当时他做了这方面的试验，这种"神奇药物"很可能会提早10年问世。

当时，英美两国媒体都报道了，关于弗莱明为创造一项医学奇迹而坚持不懈奋斗的传奇故事。它们把弗莱明描述成发现青霉素的天才。而事实上，在弗莱明自己的演讲中，他总把青霉素的诞生归功于弗洛里、钱恩和他的同事所作的研究，是他们挽救了青霉素。

1945年，诺贝尔奖评奖委员会将诺贝尔医学奖授予了弗莱明、弗洛里和钱恩。

三、发酵工程的内容、发酵方式和特点

严格地说，发酵工程是以生物细胞为催化剂的化学反应工程。但实际发酵工程长期以来，到目前仍然是微生物工程的代名词。因此，发酵工程的内容和特点谈的也是微生物工程的内容和特点。

（一）发酵工程的内容

发酵工程主要包括菌种的选育和培养，发酵条件的优化，发酵反应器的设计和自动控制，产品的分离纯化和精制等。发酵工程涉及食品工业，化工、医药、冶金、能源开发、污水处理等领域。目前已知具有生产价值的发酵类型有以下五种：

1. 微生物菌体发酵

这是以获得具有某种用途的菌体为目的的发酵。传统的菌体发酵工业：有用于面包制作的酵母发酵及用于人类或动物食品的微生物菌体蛋白发酵两种类型。新的菌体发酵可用来生产一些药用真菌，如香菇类、天麻共生的密环菌以及从多孔菌科的茯苓菌和担子菌的灵芝等药用菌。这些药用真菌可以通过发酵培养的手段来生产出与天然产品具有同等疗效的产物。例如，目前市场上的百灵胶囊，它采用冬虫夏草菌丝发酵生产虫草产品，其发酵所得菌丝体内含的氨基酸、微量元素及药用成分与天然虫草非常相近。有的菌体发酵还可以用来生产生物防治剂，如苏云金杆菌、白僵菌等。人们可以将这些微生物制成的杀虫剂用于农业生产，如苏云金杆菌可毒杀鳞翅目、双翅目的害虫，已普遍用于生产实践。

2. 微生物酶发酵

酶普遍存在于动物、植物和微生物中。最初，人们都是从动、植物组织中提取酶，但目前工业应用的酶大多来自微生物发酵。因为微生物产酶具有酶的品种多、生产容易和成本低等特点。

微生物酶制剂有广泛的用途，多用于食品和轻工业中，如微生物生产的淀粉酶和糖化酶用于生产葡萄糖，纤维素酶用于牛仔裤打磨业等。酶也用于医药生产和医疗检测中，如青霉素酰化酶用来生产半合成青霉素所用的中间体6—氨基青霉烷酸，胆固醇氧化酶用于检查血清中胆固醇的含量，葡萄糖氧化酶用于检查血液中葡萄糖的含量，等等。

3. 微生物代谢产物发酵

微生物代谢产物的种类很多，已知的有37个大类，其中16类属于药物。微生物代谢产物主要分为两类：一类为初级代谢产物，它是在菌体对数生长期所产生的产物，如氨基酸、核苷酸、蛋白质、核酸、糖类等，是菌体生长繁殖所必需的。许多初级代谢产物在经济上具有相当的重要性，分别形成了各种不同的发酵工业。

另一类是次级代谢产物，它是在菌体生长的稳定期，某些菌体能合成一些具有特定功能

的产物,如抗生素、生物碱、细菌毒素、植物生长因子等。这些产物与菌体生长繁殖无明显关系。次级代谢产物多为低分子量化合物,但其化学结构类型却多种多样。

4.微生物的转化发酵

微生物转化是利用微生物细胞的一种或多种酶,把一种化合物转变成结构相关的更有经济价值的产物。近年来,随着基因工程、细胞工程、酶工程技术的发展与完善,生物转化技术已广泛用于天然化合物的结构修饰、有机化合物的不对称合成、药物前体化合物的转化、光学活性化合物的拆分等领域。

最古老的生物转化,就是利用菌体将乙醇转化成乙酸的醋酸发酵。在当代,微生物转化发酵技术尤为广泛,可以将 D—果糖转化为 D—阿洛酮糖,可以将井冈霉素转化为井冈胺等。

5.生物工程细胞的发酵

该技术指利用生物工程技术所获得的细胞,如 DNA 重组的“工程菌”,细胞融合所得的“杂交”细胞等进行培养的新型发酵,其产物多种多样。如用基因工程菌生产胰岛素、干扰素、青霉素酰化酶等,用杂交瘤细胞生产用于治疗和诊断的各种单克隆抗体等。

(二)发酵方式

微生物发酵是一个错综复杂的过程,尤其是大规模工业发酵,要达到预定目标,更是需要采用和研究开发各式各样的发酵技术,发酵的方式就是最重要的发酵技术之一。通常按发酵中某一方面的情况将其分类,按对氧的需求情况分为需氧发酵和厌氧发酵;按培养基的相态分为液态发酵和固态发酵;按发酵是在培养基表面或深层进行,分为表面发酵和深层发酵;按发酵工艺过程的连续性分为分批发酵、补料分批发酵和连续发酵;按菌种是否被固定在载体上分为游离发酵和固定化发酵;按菌种的种类分为单一纯种发酵和混合发酵。在实际的工业生产中,大都是将各种发酵方式结合进行的,当然,这取决于菌种特性、原料特点、产物特色、设备状况、技术可行性、成本核算等。现代发酵工程中大多数采用需氧、液体、深层、分批、游离、单一纯种结合进行的发酵方式。下面是几种常见的现代化发酵方式:

1.分批发酵

分批发酵指在灭菌的培养基上接种相应的微生物,然后,在发酵过程中,不再添加新的培养基的培养方式。在实际生产中,它是间断进行的,每进行一次培养都要经过装料、灭菌、接种、发酵、放料等一系列过程。因此,分批发酵的特点是非生产时间长、生产成本较高。

2.补料分批发酵

补料分批发酵,即称半连续发酵,是指在分批发酵过程中间歇或连续地补加新鲜培养基或某些营养物质的方法。其目前应用范围非常广泛,几乎遍及整个发酵行业。补料分批发酵的理论研究在 20 世纪 70 年代以前几乎是个空白,在早期的工业生产中,补料的方式非常简单,仅仅局限于间歇流加和恒速流加,控制发酵也是以经验为主。直到 1973 年日本学者 Yoshida 等人提出了“Fed-batch fermentation”这个术语,并从理论上建立了第一个数学模型,补料分批发酵的研究才进入理论研究阶段。近年来,随着理论研究和应用的不断深入,流加发酵的内容大大丰富了。

补料分批发酵和传统的分批发酵相比,流加发酵可以有效地减少发酵过程中培养基黏度升高引起的传质效率降低,解除降解物的阻遏和底物的反馈抑制,很好地控制代谢方向,延长产物合成期,增加代谢积累。

3. 连续发酵

连续发酵是指以一定的速度向发酵罐内添加新鲜培养基,同时以相同速度流出培养液,从而使发酵罐内的液量维持恒定的发酵过程。

连续发酵可分为单罐连续发酵和多罐串联连续发酵等方式。其优点是:简化了菌种的扩大培养,缩短了发酵周期,提高了设备利用率,操作管理方便,便于自动化控制,同时,产物稳定,节省人力物力,生产费用低,使产品更具商业性竞争力。其缺点是:对设备的合理性和加料设备的精确性要求甚高;营养成分的利用较分批发酵差,产物浓度比分批发酵低,产物提取成本较高;杂菌污染的机会较多,菌种易因变异而发生退化。

4. 固定化酶和固定化细胞发酵

它是酶工程中固定化酶技术在发酵工程中的应用,其优势在于固定化酶和固定化细胞可以重复使用,酶活力稳定,反应速度快,生产周期短,产品的分离和提纯也比较容易,易于机械化和自动化操作。

5. 混合发酵

它是相对于纯种发酵而言,指多种微生物混合在一起,共用同一个培养基进行发酵,也称为混合培养。混合发酵中菌种的种类和数量大都是未知的,人们主要是通过培养基的组成和发酵条件来控制,达到生产目的。它的主要特点是可以形成多菌共生酶系互补,在一个共同的发酵罐内,混合的多菌种可以增加比纯种培养多得多的基团功能。通过不同代谢能力的组合,完成单个菌种难以完成的复杂代谢作用。另外,它可以做到省工节能,简化工艺设备,克服中间生物浓度过大对生化反应的不良影响,提高生产效率。

(三)发酵工程的特点

由于微生物具有种类繁多、繁殖速度快、代谢能力强的特点,而且,往往可以通过人工诱变获得有益的突变株,并且微生物酶的种类也很多,能催化各种生物化学反应。此外,由于微生物能够利用有机物、无机物等各种营养源,一般不受气候、季节等自然条件的限制,可以通过室内反应器来生产多种多样的产品。所以,从传统的酿酒、酿酱、酿醋等技术上发展起来的发酵工程技术发展非常迅速,而且,形成了与其他学科不同的特点:

1. 发酵过程以生物体的自身调节方式进行,多个反应就像单一反应一样,在单一发酵设备中完成。

2. 反应通常在常温常压下进行,条件温和,能耗少,设备比较简单,对场地要求不高。

3. 微生物本身能有选择地摄取所需物质,因此,其发酵原料往往比较广泛。原料通常以糖蜜、淀粉等碳水化合物为主的是农副产品,也可以是工业废水或可再生资源,如植物秸秆、木屑等。

4. 容易合成复杂的化合物,能高度选择地在复杂化合物的特定部位进行氧化、还原、官能团引入等反应。

5. 发酵过程中需要防止杂菌污染,生产设备及其附件需要进行严格的冲洗、灭菌,空气需要过滤除菌等。

发酵过程的这些特征体现了发酵工程的种种优点。在目前能源、资源紧张,人口、粮食及污染问题日益严重的情况下,发酵工程作为现代生物技术的重要组成部分之一,得到越来越广泛的应用。

四、发酵工程研究的对象、方法与手段

发酵工程主要是研究利用微生物的新陈代谢作用生产一定的产品或达到其他社会目的的工程学科,主要研究微生物育种技术、发酵过程优化和多尺度生物反应器等。所以,发酵工程涉及微生物生化问题、生化工程问题,也有分析与设备问题。

发酵工程研究既包括传统的、经典的方法和手段,也包括现代的、先进的方法和手段。譬如菌种技术既有传统的"经典"理化诱变方法和手段,也有先进的基因工程改造等方法和手段。总之,一切现代生物工程的研究方法和手段都可以应用于发酵工程,因为发酵工程是生物工程的组成部分。

五、发酵工程的应用

发酵工程是现代生物技术的组成部分,是采用现代发酵设备,使经优选的细胞或经现代技术改造的菌株进行放大培养和控制性发酵,获得工业化生产预定的产品。基因工程和细胞工程是生物技术的主要领域,是发酵工程、酶工程的基础;发酵工程和酶工程又是基因工程、细胞工程研究成果的实际应用,其中发酵工程占有重要位置。从生物工程的过程看,只有通过发酵工程,才能使由基因工程或细胞工程获得的某种目的菌种实现工业化生产,获得经济效益。可见,发酵工程是生物技术产业化的基础。生物技术中的基因工程、酶工程、单克隆抗体、生物量的转化等研究成果为发酵工程注入新的内容,使传统的发酵工艺焕发"青春",赋予微生物发酵技术新的生命力。

发酵工程以其生产条件温和、原料来源丰富且价格低廉、产物专一、废弃物对环境污染小和容易处理等特点,而在医药工业、食品工业、农业、环境保护等许多领域得到了广泛的应用,逐步形成了规模庞大的发酵工业。

（一）发酵工程在医药业的应用

发酵工程可以从各个方面改进医药的生产,开发新产品,提高医疗水平。所以,在医药领域,它的应用非常广泛,发展也非常迅速,潜力非常大。

1.抗生素的生物合成

自1929年英国人发现青霉菌分泌青霉素能抑制葡萄球菌生长以后,相继发现了链霉素、氯霉素、金霉素、土霉素、四环素、新霉素和红霉素等抗菌素。在近几十年内,抗生素的研究又有了飞速的发展,已找到的抗生素有4300多种,并通过化学结构改造,共制备了30000余种的半合成抗生素。目前,世界各国实际生产和应用于医疗的抗生素有120多种,连同各种半合成衍生物及盐类约350种。其中包括抗细菌的抗生素,如:杆菌肽、头孢菌素、四环素、链霉素、螺旋霉素等;抗真菌的抗生素,如:灰黄霉素、制霉菌素等;抗肿瘤的抗生素,如:博来霉素、丝裂霉素、光神霉素等。

一个好的抗生素应具有较广的抗菌谱,还应具有较好的选择性,不产生过敏和耐药性,具有高度的稳定性,收率高,成本低,适于工业生产。目前生产和应用的抗生素还不能完全满足以上要求,寻找新的抗生素仍然是很重要的任务。

2.维生素类药物的生物生产

维生素作为六大生命要素之一,为整个生命活动所必需。维生素可分为水溶性和脂溶性。其中,V_A、V_D、V_E、V_K为脂溶性维生素,V_B、V_C为水溶性维生素。

　　V_A 的前体 β-胡萝卜素及 V_C 和 V_E 均为抗氧化剂,能保护人体组织的过氧化损伤并提高机体免疫力,有抗癌、抗心血管疾病和白内障等功能。目前,国内外对维生素的微生物发酵法研究进行得比较广泛,有文献报道,真菌、细菌都具有生产 β-胡萝卜素的能力。真菌的有粘红酵母、布拉克须霉、丛霉等。细菌的有球型红杆菌、瑞士乳杆菌等。当前,V_C 的发酵法生产工艺已经非常成熟,例如利用"大小菌落"菌株混合培养生产技术已进入产业化。当前,利用氧化葡萄糖杆菌与一种蜡状芽孢杆菌混合菌共固定化发酵技术,可将 V_C 的收率提高到 80% 以上,生产周期比传统工艺缩短 1/3。有研究者采用杂交方法选育技术得到一株酵母菌,能生产 V_D 的前体麦角固醇,最高含量可达细胞干重的 6%。通过优化培养条件,有目的地调节关键基因的表达,获得高产菌株与培养条件的双重优化,使麦角固醇的微生物产量得到进一步提高。

　　3.多烯脂肪酸的微生物生产

　　r-亚麻酸(GLA)是人体不能合成而又必需的多烯脂肪酸。缺乏时,会导致机体代谢的紊乱而引起多种疾病,如高血压、糖尿病、癌症、病毒感染以及皮肤老化等。李明春等利用深黄被孢霉来合成 GLA,同时,采用紫外线照射法对原生质进行诱变处理,大大提高了 GLA 的产量。

　　二十碳五烯酸(EPA)和二十二碳六烯酸(DHA)在海洋冷水鱼中含量颇丰,是很有价值的医药保健产品,有"智能食品"之称。日本在冷海水域找到的细小球藻中 EPA 含量高达总油量的 99%。除海洋微细藻外,海洋中还有一种繁殖力很强的网粘菌 SR21,其干菌体生物量含 DHA 为 30%~40%,可通过发酵生产 DHA,每升培养液产量为 4.5 克,该菌 DHA 含量与海产金鲹鱼或鲣鱼眼窝脂肪相近。

　　4.医用酶制剂的发酵生产

　　酶制剂在医药领域有广泛的应用,但是,从酶的来源来看,有很大一部分来源于微生物。近年来,医用酶制剂开发得非常广泛,诸如链激酶、链道酶、尿激酶、葡萄糖激酶、金葡激酶、蚓激酶等。

　　(二)发酵工程在现代中药中的应用

　　发酵中药在中药加工工艺上是一个创举,有望解决中药在煎、煮、熬、炼、蒸、浸等传统工艺中活性成分难以最大限度提取的难题。同时,微生物发酵通常是在常温、常压等较为温和的条件下进行的生物转化,能最大限度地保护中药中活性成分免遭破坏,特别是对热敏感的芳香类挥发油、维生素等活性成分更能有效地加以保护。微生物在中药的特殊环境中也有可能产生新的代谢反应,因为中药的物质可能对微生物的生长和代谢有促进或抑制作用,从而改变微生物的代谢途径,形成新的成分或改变各成分的相互比例。例如:云南中医学院的戴万生等用发酵法炮制大黄,改变了大黄有效成分中蒽醌类的含量。经酵母发酵后发现较传统发酵法保存了更多的大黄蒽醌,并使有泻下作用的结合类蒽醌含量降低,在临床应用上缓和了大黄剧烈的泻下作用及对胃肠道的不良反应;同时作为抗菌、抗肿瘤的主要有效成分的游离型蒽醌的含量增加了 6 倍左右,扩展了其应用范围。微生物的分解作用也会将中药中的有毒物质进行分解,从而降低药物的毒副作用。例如 4 毫克的乌头碱可以导致人死亡,但在中医临床中,使用其炮制品可以使用药量达到 1.5~3.0 克,不仅可以外用,而且可以内服。研究发现,乌头碱经过炮制后水解为乌头次碱和乌头原碱,它们的毒性分别降低至乌头碱的 1/200 和 1/2000,安全范围得到了扩大,而镇痛效果却没有降低,使临床应用的安全性得到了保证。传统中药技术结合现代发酵工程技术,可以开发出具有新的保健、预防和治疗功能的现代中药。

（三）发酵工程在食品工业上的应用

1.改造传统的食品加工工艺

从植物中萃取食品添加剂不仅成本高,而且来源有限。化学合成法生产食品添加剂虽然成本低,但是化学合成率低、周期长,而且可能危害人体健康。因此,采用发酵工程技术成为食品添加剂生产的首选方法。目前,利用微生物发酵生产的食品添加剂主要有维生素 C、维生素 B_{12}、维生素 B_2、甜味剂、增香剂和色素等产品。发酵工程生产的天然色素、天然新型香味剂正在逐步取代人工合成的色素和香精。

2.开发大型真菌

一些药用真菌,如灵芝、冬虫夏草、茯苓等,含有调节机体免疫功能、抗癌、防衰老的有效成分,是发展功能性食品的一个重要原料来源。对于这些名贵的药用真菌,一方面可通过野外采摘和人工种植相结合的方式进行资源收集,但是这种方式产量低,易受天气和季节的影响;另一方面,则可以通过发酵途径实现工业化生产,例如河北省科学院微生物研究所等筛选出了繁殖快、生物量高的优良灵芝菌株,应用于深层液体发酵研究并取得了成功,建立了一整套发酵和提取新工艺。

（四）发酵工程在饲料工业中的应用

饲料和粮食生产一直是我国国民经济的薄弱环节。由于受人口增长、耕地减少和肉食品消费增加的影响,我国粮食供需平衡十分脆弱。我国人均占有粮食一直在 400 千克以下,其中粮食总产量的 40% 左右用于饲料生产。在耕地和水资源长期紧缺的情况下,我国粮食产量已很难提高。饲料资源短缺的问题长期制约着我国畜牧业的发展,尤其是蛋白质饲料的严重不足已经成为全球性问题。发展高效饲料工业、提高粮食向畜牧产品的转化效率和饲料利用率、开发新型饲料原料是满足人们对肉、禽、鱼、蛋越来越大的需求量的最佳途径。用生物技术特别是微生物发酵技术来开发新型饲料资源、生产蛋白质饲料和新型添加剂越来越受到人们的重视。特别是进入 21 世纪后,利用微生物生产的饲料蛋白、酶制剂、氨基酸、维生素、抗生素和益生菌微生物制剂等饲料产品的使用,使发酵工程技术在饲料工业中得到了更广泛的应用。

（五）发酵工程在环境保护中的应用

发酵工程主要是利用微生物在有氧或无氧条件下的生命活动来制备微生物菌体或其代谢产物的过程,是最早涉及环境污染治理领域的工程技术。目前常用的生物发酵技术主要有:上流式厌氧污泥床法（USAB 法）;水解-好氧生物处理法（H/O）、生物除磷脱氮技术、好氧生物处理法（A/O）、间歇式活性污泥法（SBR）、生物反应器技术。

（六）发酵工程在化工、能源产品中的应用

利用微生物可以生产乙醇、甘油、丙酮丁醇等化工原料和一些表面活性剂,还可以生产乙酸、乳酸、丁酸、苹果酸等有机酸和右旋糖酐等多糖。

随着经济和社会的高速发展,能源的需求量越来越大。在国际国内石油价格不断上涨的情况下,生物质能作为石油的替代能源和环保能源,已经越来越受世界各国的关注。生物质能转化中的"太阳能－生物质－乙醇燃料－能量利用－二氧化碳和水",由于充分体现了"绿色"和"循环",备受科学界、环保人士的追捧。加拿大、法国、瑞典、德国、墨西哥、日本、印度、韩国和泰国等,均有发展石油替代产业的计划,并有不同规模的实施。其中巴西规模最大,目前汽车全部用乙醇汽油,用燃料酒精(乙醇)替代石油份额达 43%。在燃料乙醇的生产方面,甜高粱茎秆发酵是目前生物质能领域的研究热点之一。试验研究表明,甜高粱每年的乙醇产量为 6106L/hm²,而号称太阳能最有效转化器的甘蔗只有 4680L/hm²,玉米为 2390L/hm²。甜高粱光合效率为大豆、甜菜和小麦等作物的 2~3 倍。目前甜高粱茎秆发酵生产燃料乙醇的工艺主要有两种:一是榨汁后对汁液进行液态发酵,是研究较为成熟的工艺;二是茎秆粉碎后进行固态发酵。

在能源环境危机日趋加剧的今天,大力发展可再生能源已经成为人类谋求可持续发展的必然选择。生物质燃料乙醇产业将成为一个崭新的、规模巨大的"能源农业"领域。

六、发酵工程的展望

发酵工程发展至今,经历了半个多世纪,已形成一个产业,即发酵工程产业。当前发酵工程的应用已深入国计民生的方方面面,包括农业生产、轻化工原料生产、医药卫生、食品、环境保护、资源和能源的开发等领域。随着生物工程技术的发展,发酵工程技术也在不断改进和提高,其应用领域也在不断拓宽,显示出了强大潜力。

我国发酵工程产业除了引进和消化吸收国外先进技术之外,更应培养具有国际竞争力的专业人才,研发具有自主知识产权的高水平的生产菌种和发酵工艺、产品后处理工艺。具体发展目标和方向有以下几个方面:

1. 开发和利用微生物资源。首先是设计和开发更多的自动化、定向化、快速化的菌种筛选技术和模型,筛选更多的新型菌种和代谢产物;其次是利用遗传工程等先进技术,进行菌种改良。

2. 改进和完善发酵工程技术。一是加强固定化技术(固定化酶技术、固定化细胞技术)的研究;二是从事生态发酵技术(混合培养工艺)的研究和开发。生态发酵技术是利用微生物生态学原理,使多种微生物生态组合在一起协同发酵获得人们需要的发酵产品的新型发酵技术,是纯种发酵技术的更高层次和发展趋势。生态发酵技术不但可以提高发酵效率和产品数量、质量,甚至还可以获得新的发酵产品,它是一种不需要进行体外 DNA 重组,也能获得类似效果的新型培养技术,它的意义并不逊色于基因工程,其前景也是十分广阔和诱人的。生态发酵技术的类型很多,主要有联合发酵、顺序发酵、共固定化细胞混合发酵、混合固定化细胞发酵等。

3. 研制和开发新型发酵设备。发酵设备正逐步向容积大型化、结构多样化、操作控制自动化的高效生物反应器方向发展,其目的在于节省能源、原材料和劳动力,降低发酵产品的生产成本。

4. 重视中、下游工程的研究。在发酵工程产业中,为达到既高产又丰产的目的,必须具备高水平的发酵产物的后处理技术和设备。其努力方向应是开展有关基础理论和应用理论的研究。例如絮凝机理、离子交换的动力学和静力学理论、双水相萃取机理、超临界流体萃取原理等,这需要大批生物学家和化学家联合研究、协同作战才行。此外,对于新型分离介质如超滤膜、均孔离子交换树脂、大网格吸附剂、无毒絮凝剂、亲和层析中的新型分离母体和配位体等,也应进一步深入研究。

我国现代发酵工程产业已有相当的产业基础和一定的专业技术力量,并且有广阔的市场需求,但还需更多的专业人才的拼搏奋斗,去开拓发酵工程产业美好的未来。

【合作讨论】

1. 发酵方式有哪些? 它们在具体产品生产上的应用情况如何?
2. 现代发酵工程与传统发酵工程有什么区别?
3. 参观当地啤酒企业,讨论啤酒的生产工艺。
4. 发酵工程在饲料工业中有哪些具体应用?
5. 走进食品企业调研,发酵工程在食品领域有哪些具体应用?
6. 调研本地区固、气、液废的处理情况,发酵工程在环保领域有哪些具体应用?
7. 讨论发酵工程在医药领域有哪些具体应用?
8. 发酵工程在能源领域的应用情况。

第七章　细胞工程技术及应用

知识目标：
　　使学生理解细胞工程的含义、研究领域和实践应用；
　　使学生掌握细胞工程各技术的操作要点和理论基础；
　　使学生了解当前细胞工程技术的最新研究进展和面临问题。
能力目标：
　　培养学生实验动手操作能力；
　　培养学生理论联系实际能力；

　　细胞工程（Cell engineering）是指依据细胞生物学、分子生物学、工程学等基本原理，在细胞整体水平或细胞器水平上，定向改造细胞遗传特性，制造生物产品或创造新型生物，为遗传育种、资源保护、医药研究等行业提供服务的技术。细胞工程的主要研究对象包括染色体、细胞核、原生质体、整个细胞、受精卵、胚胎、组织、器官，甚至一个个体，如转基因动物等。

　　细胞工程是生物工程，或称生物技术（Biotechnology）大范畴中的一类。生物技术的发展历史久远，甚至人们还未完全了解细胞的情况下，凭借生活经验，就已经开始了古老生物技术的探索，如中国古代的酿酒、发面、醪糟等。时至今日，现代生物工程已经发展为涵盖生物学、化学、工程学，以至于数学、计算机、信息控制等诸多学科的综合性技术。从研究和操作层次上看，生物工程也衍生出包括发酵工程、酶工程、细胞工程、基因工程、生物化学工程和蛋白质工程等六大类别，细胞工程即属此列。

　　依据研究对象的不同及操作技术的差异，细胞工程主要涉足动植物细胞与组织培养、细胞融合、染色体工程、胚胎工程和细胞遗传工程等几大研究领域。并且，细胞工程技术已在优质植物快速培育与繁殖，动物胚胎工程快速繁殖优良与濒危品种，利用动植物细胞培养生产活性产物与药品，新型动植物品种的培育，供医学器官修复或移植的组织工程，转基因植物的生物反应器工程，珍稀动植物资源的保存与保护，以及在遗传学、发育学、能源、环境保护等方面得到广泛应用。

第一节　细胞培养

　　细胞培养是指人为设置适宜的生存条件以保证不同细胞能在体外生长，包括植物细胞的培养、动物细胞的培养和微生物细胞的培养三类。细胞培养的目的在于获得细胞，或是获得细胞的代谢产物。在细胞培养的过程中,不仅需要相关的器材和设施,更为重要的是,因不同细胞生长所需的营养物质和外界条件各异,故而需要针对不同的培养对象作针对性的实验设计。不同来源的细胞,由于内部构造、生理功能,以及生活环境的差异,培养细胞的形态特征、生长方式、细胞增殖等方面都表现出了一定的差别。近年来,随着细胞培养在医药和生物制品行业的广泛应用和蓬勃发展,一种大规模的细胞培养技术也应时而生,用于单克隆抗体、激素、细胞因子、病毒疫苗和一些特殊功能的效应细胞的生产。

【知识拓展】

组织培养:指在无菌条件下,将离体的植物器官(如根尖、茎尖、叶、花等)、组织(如花药组织、胚乳、皮层等)、细胞(体细胞、生殖细胞等)、胚胎(成熟或未成熟的胚)、原生质体等培养在人工配制的培养基上,给予适当培养条件,诱发其产生愈伤组织、潜伏芽,或者长成新的完整植株的一种实验技术。

一、细胞培养的设备、器材和培养基

(一)设备

一般,细胞培养需要三大必备设施:一个无菌实验室、一个超净工作台和一个恒温培养箱。无菌实验室由更衣间、缓冲间和操作间三部分组成,内设空气消毒用的紫外灯、空气过滤净化器和恒温装置;超净工作台内设鼓风机,驱动空气通过高效滤器过滤净化后,让净化空气徐徐通过台面空间,使操作区构成无菌环境;恒温培养箱分变通电热恒温培养箱和 CO_2 培养箱,实验室普遍采用的是后者,它能提供较为恒定的 CO_2,通常为 5%,使培养基的 pH 值保持稳定。

另外,细胞培养中还需要如干燥箱、冰箱、光学显微镜、离心机、消毒器、抽滤装置等。

(二)器材

细胞培养所需要的器材很多,包括玻璃器材,如培养瓶、培养皿、吸管、离心管等;塑料器材,如 96 孔板;橡胶器材,如瓶塞、盖子等;金属器材,如剪刀、镊子、手术刀、解剖刀、血管钳等。另外,还有纱布、注射器、牛皮纸、棉布、硫酸纸、铝盒、线绳等其他用品。因离体细胞对外界各种生化物质很敏感,所以上述器材的清洗、消毒是影响细胞培养成功的一个重要因素。

(三)培养基

在细胞培养过程中,所用溶液和培养基的好坏将直接影响实验的最终结果,因此在配制时要十分注意。平衡盐溶液,是细胞培养中常用的液体,一般由无机盐和葡萄糖配制而成,起着维持渗透压、缓冲和调节酸碱度等作用。常用的几种平衡盐溶液包括磷酸盐缓冲液(PBS)、Hanks 液、碳酸氢钠溶液、胰蛋白酶溶液、EDTA 溶液、抗生素溶液等。培养基,是维持细胞体外生存和生长的液相基质,包括天然培养基、人工合成培养基两大类。理想的培养基应具备以下几个特性:保持正常细胞渗透压和 pH 缓冲系统;供给细胞基本营养物;无毒无害、基本成分容易定量且容易配制。

二、细胞培养的条件

细胞培养的条件应模拟体内生长环境,除保证细胞生长所需的营养外,还要考虑细胞生

长的环境如温度、气体环境、氢离子浓度、渗透压等。一般而言,细胞培养需要以下几类物质:水、糖、氨基酸、维生素、无机离子、微量元素、血清、促细胞生长因子等。

【知识拓展】

渗透和渗透压:细胞的生命活动需要一种相对稳定的离子浓度。因细胞膜对水具有可透性,水会从低溶质浓度一侧(高水浓度)向高溶质一侧(低水浓度)运动,这种运动称为渗透。水分子运动的驱动力等于跨膜水压的差异,称为渗透压(Osmotic pressure)。

三、细胞生长的方式、类型和增殖特点

细胞是构成除病毒外的生命体的基本结构单位。不同来源的细胞,其内部构造不同、生理功能不同、所处环境条件不同,因而形态也多种多样。在体外条件下,培养细胞大多在培养瓶(皿)中生长,按生长方式的不同可分悬浮型生长和贴壁型生长两种情况。悬浮型生长的细胞,因胞内渗透压高于周围液体环境,细胞基本呈圆形,像血液白细胞、淋巴组织细胞、某些肿瘤细胞、杂交瘤细胞、转化细胞系等都属此类;贴壁型生长的细胞,因受到细胞和细胞间、细胞和器皿表面的接触影响,一般会表现出成纤维细胞型细胞、上皮型细胞、游走型细胞、多形型细胞等四种类型。在细胞进行正常的生长时,无论细胞种类和供体年龄如何,在生长中大致都要经过潜伏期、指数增长期、平衡期和衰亡期等四个时期。

【知识拓展】

Hayflick 界限:1961 年,Hayflick 提出,细胞,至少是培养的细胞,不是不死的,而是有一定的寿命;它们的增殖能力不是无限的,而是有一定的界限;细胞分裂的次数在于细胞本身,与外界培养条件无关;癌细胞可以无限增殖。

接触抑制:细胞在生长过程中达到相互接触时停止分裂的现象。

第二节 胚胎干细胞

干细胞(Stem cell,SC)是一类具有自我更新与分化潜能的细胞。依据分化潜能的差异,干细胞可分为单能干细胞,如表皮干细胞只能分化产生角化表皮细胞;多能干细胞,如造血干细胞可分化产生 12 种类型的血细胞;全能干细胞,如受精卵可分化产生构成生物体的所有类型的细胞。依据来源的不同,干细胞可分为成体干细胞和胚胎干细胞。

胚胎干细胞(Embryonic stem cell,ESC,ES 细胞),是一种全能干细胞,是从着床前胚胎内细胞团或原始生殖细胞经体外分化抑制培养分离的一种全能性细胞系,可以分化成任何一种组织类型的细胞。胚胎干细胞最早是由埃文斯(Evans)和考夫曼(Kaufman)以及马丁(Martin)等 1981 年分别从小鼠早期胚胎中分离培养成功并建立细胞系。

一、胚胎干细胞的特征

胚胎干细胞体积小、核大、有一个或多个核仁,细胞中多为染色质,结构简单,散布着大量核糖体和线粒体。对高等脊椎动物而言,干细胞在机体组织中的居所被称为干细胞巢,构成了干细胞增殖与分化的一个微环境,这种微环境一定程度上决定了其体外生长的特点。

胚胎干细胞具有高度的分化潜能,以小鼠干细胞为例,如果改变培养环境和条件来诱导其分化,则其可形成包括心肌细胞、神经细胞等多种类型细胞,而且细胞的分化是沿着正常胚胎发育的顺序进行。

二、胚胎干细胞的建系

(一)ES细胞的分离获得

胚胎干细胞的来源为囊胚期胚胎的内生细胞团(Inner cell mass,ICM)或原始生殖细胞(Primordial germ cell,PGC)。不同物种,甚至同一物种的不同品系动物的胚胎发育速度存在差异,因此,不同动物选择胚胎发育的时机也是不同的。一般而言,小鼠多选用3~4天的囊胚;牛多选用6~7天的囊胚;人取7~8天的囊胚。为了提高ES细胞的分离效率,在实验中可采用一些方法处理目的胚胎,如以外源激素处理胚胎使其缓着床、囊胚内细胞团的体外培养处理、透明带的脱带以裸露胚胎等方法。

(二)ES细胞的分化抑制培养和建系

细胞分化是指全能性或多能性细胞在形态、生理生化和功能上向专一或特异性方向转变的过程,其本质是细胞内部不同基因的差异性时空表达的结果。因为,ES细胞具有高度的分化潜能,因此,它的培养需采用分化抑制培养的方法,通常采用饲养层培养法,即应用小鼠胚胎成纤维细胞(MEF)和SIM小鼠成纤维细胞耐硫代鸟嘌呤细胞作为饲养层细胞,ES细胞在其上培养。因为,MEF和SIM都能分泌促进胚胎干细胞增生的因子,如成纤维细胞生长因子,以及抑制胚胎干细胞自主分化的因子,如白血病因子(LIF),结果使得ES细胞既能增殖,又能抑制其分化。ES细胞经培养可获取大量增殖的ES细胞,经传代培养建系,ES细胞一旦建系便生长迅速,一般约18~24小时分裂一次,每两天更换一次培养液,每3~4天传代一次。

【知识拓展】

成纤维细胞:是结缔组织中最常见的细胞,由胚胎时期的间充质细胞分化而来。细胞呈梭形或扁的星状,具有突起。在结缔组织中,成纤维细胞还以其成熟状态——纤维细胞的形式存在,二者在一定条件下可以互相转变。成纤维细胞乃是功能活动旺盛的细胞,细胞和细胞核较大,轮廓清楚,核仁大而明显,细胞质弱嗜碱性,具明显的蛋白质合成和分泌活动。

(三)ES细胞的保存

长期培养的ES细胞会出现变异,表现在核型出现异常、细胞存活数目减少。因此ES细胞建系成功后,在早期传代过程中需要不断冻存。细胞冻存包括以下环节:抗冻保护剂的选择与添加、植冰和降温速度、解冻方法、抗冻剂的脱除等。当前,常采用的冷冻保护液为液氮(零下196℃),冷冻保护剂为二甲基亚砜(DMSO)、氨基酸(AA)、丙三醇等。

三、胚胎干细胞体外诱导分化与应用

胚胎干细胞具有高度的分化潜能,在特定的体外培养条件和诱导剂的共同作用下,胚胎干细胞可分化成各种类型的细胞。

(一)ES细胞可作为研究某些前体细胞起源和细胞谱系演变的理想的材料

因ES细胞在体外可被诱导分化成各种类型的细胞,而在细胞变化的过程中,必然先要

经过一定的前体细胞阶段,如造血干细胞可定向分化成血液中至少 12 种类型的血细胞,在此过程中,可以观察到细胞的形态变化。

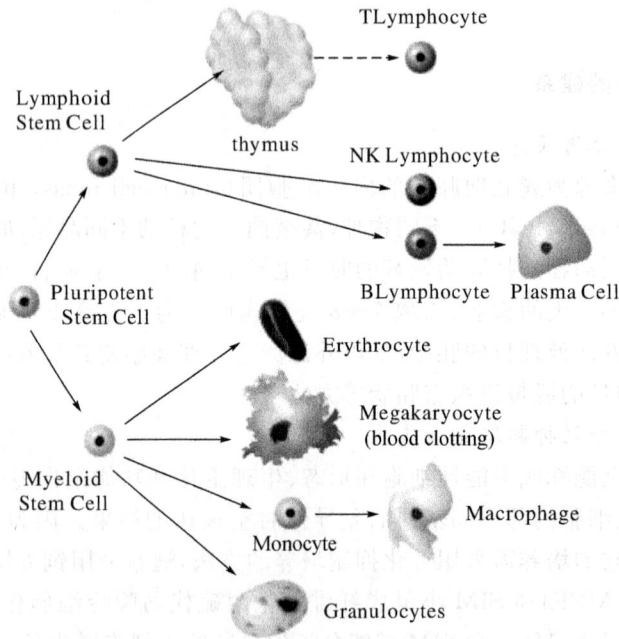

图 7-1　多能造血干细胞的分化

（二）ES 细胞可作为定性和定量分析不同细胞因子对其生长和分化影响的材料

如维甲酸（Retinoic acid，RA）可诱导 ES 细胞分化为神经细胞；二甲基亚砜（Dimethyl sulfoxide，DMSO）可诱导 ES 细胞成为肌肉细胞；血管内皮生长因子（Vascular endothelial growth factor，VEGF）可诱导 ES 细胞成为血管内皮细胞等。

（三）ES 细胞可作为研究某些基因在胚胎发育中功能表现的材料

通过外源基因的导入,或内源基因的剔除来观察目的基因的功能。如果发现早期胚胎有某种基因缺陷而会患基因病如囊性纤维化（一种 30 岁以前便会致人死亡的疾病）,可以收集部分或全部胚胎干细胞,通过基因工程技术将正常的基因替代干细胞中的缺陷基因,再将修复后的胚胎干细胞嵌入胚胎中,将会出生一个健康的婴儿。

（四）ES 细胞可作为特化细胞的移植材料

如 1995 年,帕克西斯（Pacacios）等利用骨髓基质细胞或其条件培养液诱导 ES 细胞在体外分化成造血干细胞。这一重大研究进展不仅证明了 ES 细胞体外分化为造血细胞的机制与在体胚胎相似,而且也为临床输血找到了一条新途径。再有,1995 年,贝恩（Bain）等用悬浮培养 4 天的拟胚体在含甲酸（RA）的培养液中继续培养 4 天,再使拟胚体贴壁培养可以高度重复地分化出神经细胞。

此外,胚胎干细胞在细胞学、组织学、器官修复、基因治疗方面都具有非常令人憧憬的应用前景。如用胚胎干细胞对脊髓损伤的修复；ES 细胞可作为理想的供体心肌细胞源用于临床细胞移植,补充因病损伤的心肌组织；ES 细胞可以被培养成胰岛 β 细胞而用于临床糖尿病的治疗；通过基因添加（Gene addition）疗法和基因组编辑（Genome editing）疗法用于遗传病患者的治疗,以及 ES 细胞用于更广泛的整形医学,等等。

四、胚胎干细胞伦理学与 iPS 技术

当前,世界范围内掀起了胚胎干细胞研究的热潮,这一研究不仅带来疾病治疗的新模式,更为人类打开了一扇对生命重新认识的新窗口。然而,为什么我们依然看到胚胎干细胞的研究在社会各领域引发激烈争论,以至于让此领域的研究学者们承受沉重的精神压力,甚至成为美国总统选举的干扰影响因素、联合国大会上讨论的议题? 其中最重要的一个原因是关于人类使用胚胎干细胞研究的道德争论,即胚胎是人,还是非人? 这也是伦理学上一个最基本的问题,在中西方不同国家,甚至同一个国家的不同民族,由于文化背景和信仰的不同,在人类胚胎这一问题的认识上差别很大。不过,在 2007 年 11 月 20 日,国际权威学术期刊《Science》和《Nature》分别报道了来自京都大学的山中伸弥团队和威斯康星大学的詹姆斯·汤姆森/俞君英团队,通过插入四个特定的基因,即 Oct4、Sox2、c-Myc 和 Klf4,第一次成功地将人体皮肤细胞直接改造为功能与人体胚胎干细胞类似的"诱导多功能干细胞(Induced Pluripotent Stem Cell,iPS 细胞)"。这一进展的意义是颠覆性的,该技术不但一定程度上回避了有关胚胎的伦理学争议,更扭转了生命的"时间之钟",被学术界热议有望未来冲击诺贝尔奖。2009 年,华裔女科学家俞君英在 iPS 技术又获得了更大的突破:即利用非整合型附着体载体(episomal vectors)方法获得了人类 iPS 细胞,在去除掉附着体后,这些iPS 细胞就成为没有外来 DNA 的 iPS 细胞,从而解决了可能癌变的问题,为 iPS 技术在医学上的应用奠定了基础。

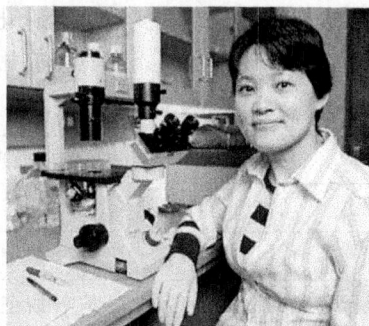

第三节 细胞融合与细胞重组

细胞融合和拆合是细胞工程研究领域中一个重要的方面,此方向的研究在植物育种、生物制品制备,以及体细胞的克隆等方面都具有非常重要的作用。

一、细胞融合与细胞重组概述

(一)细胞融合与细胞重组的含义与区别

细胞融合(Cell fusion),是指在外力的作用下,将两个或两个以上的同源或异源(种、属之间)的细胞或原生质体相互接触,从而发生膜融合、胞质融合和核融合并形成杂种细胞的现象,也称细胞杂交(Cell hybridization),一般多研究体细胞杂交(Somatic hybridization)。细胞融合的意义在于打破了物种间隔离,从理论上讲,任何来源的细胞都可以进行此类操作,本技术对于培育动植物新品种,进而获得优良遗传性状,或制备生物制品等研究具有非常重要的应用。

细胞重组(Cell reconstruction),是指借助物理、化学或生物的方法分离细胞的某些结构单元,如原生质、胞质体、核体、线粒体、叶绿体等,再结合细胞融合技术,将不同来源的这些细胞结构单元重新组合,使其重新装配成具有生物活性的细胞或细胞器的一种实验技术。细胞重组技术的研究为细胞内的基因表达与调控和揭示细胞活动规律提供了一种重要手

段,具有重要的理论意义和实践价值。

（二）细胞融合与细胞重组的技术

1.细胞融合技术

进行细胞融合实验之前,需要对实验材料进行相应的处理,如植物或微生物细胞的脱壁,动物组织的消化、悬浮培养及单个细胞的获得。为提高细胞或原生质的融合效果,选择适宜有效的诱导融合方法很重要。当前,诱导融合的方法包括物理法、化学法和生物法。物理法如显微操作、电场刺激等;化学法主要用聚乙二醇 PEG 结合高 pH、高钙离子法;生物法有仙台病毒法等。在具体应用时,可根据不同对象选择适合的方法。

表 7-1　不同细胞的融合条件及主要应用

来　源	前处理	融合的方法	主要应用
动物细胞	不需	仙台病毒、PEG、电融合	生产单克隆抗体
植物细胞	脱壁	PEG、电融合	创造植物新品种
微生物细胞	脱壁	PEG	高产优质新菌种

2.细胞重组技术

一般而言,细胞重组的方式包括三种:胞质体与完整细胞重组形成胞质杂种;微细胞与完整细胞重组形成微细胞异核体;胞质体与核体重新组合形成重组细胞。体外培养的细胞经过细胞松弛素 B 处理而诱发排核,再结合高速离心技术可以制备由膜包裹的无核细胞,即为胞质体,而脱去的细胞核,带有少量的细胞质并围有质膜,称为"核体"。微细胞又称微核体,是指含有一条或几条染色体,外有一薄层细胞质和一个完整质膜的核质体。

二、单克隆抗体

（一）概述

1975 年,英国剑桥大学分子生物学研究室的科莱尔（Kohler）和米尔斯坦（Milsteinn）合作将已适应于体外培养的小鼠骨髓瘤细胞与绵羊红细胞免疫小鼠脾细胞（B 淋巴细胞）进行融合,发现融合形成的杂交瘤细胞具有双亲细胞的特征:即像骨髓瘤细胞一样在体外培养时能够无限快速增殖,又能持续地分泌特异性抗体,通过克隆化可使杂交细胞成为单纯的细胞系,由此单克隆系就可以获得结构与各种特性完全相同的高纯度抗体,即单克隆抗体（McAb）

（二）单克隆抗体的制备

单克隆抗体制备的简要步骤如下:（1）细胞融合前准备。免疫脾细胞和骨髓瘤细胞应来自同一品系的动物。免疫脾细胞一般用最后一次加强免疫 3 天后的动物的脾脏,制备成细胞悬液备用;骨髓瘤细胞或用复苏的瘤细胞系,或用降植烷处理动物制备瘤细胞;（2）细胞融合与杂交瘤选择。取对数生长期的上述两类细胞按一定比例混合并洗涤后,用 PEG 介导融合。一般在融合 24 小时后,加 HAT 选择杂交瘤;（3）抗体的检测与杂交瘤的选择。通过选择性培养获得的杂交细胞系中,仅有少数能分泌针对免疫原的特异性抗体。因此,常借助酶联免疫吸附分析（Enzyme-Linked immunosorbent Assay, ELISA）、放射性免疫法（Radio-immunoassay, RIA）等进行检测;（4）单克隆抗体的生产。目前,常采用旋转管培养法培养杂交瘤细胞,从上清中制备单克隆抗体。或者,通过体内接种杂交瘤细胞,从其腹水或血清中制备单克隆抗体;(5)单克隆抗体的鉴定。对得到的单克隆抗体,可用免疫原作定性检测。

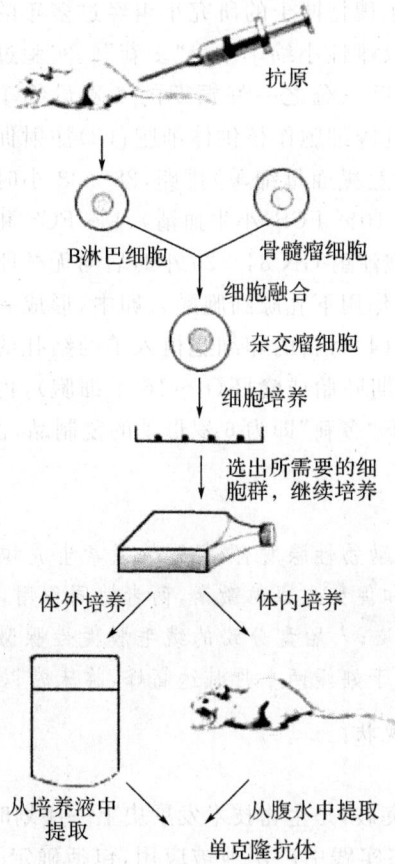

抗原

B淋巴细胞   骨髓瘤细胞

细胞融合

杂交瘤细胞

细胞培养

选出所需要的细胞群,继续培养

体外培养   体内培养

从培养液中提取   从腹水中提取

单克隆抗体

图 7-2   细胞杂交瘤技术及单克隆抗体生产简要流程

三、克隆

(一)概述

克隆(Clone),本意是指无性繁殖,现在也可引申为无性繁殖的操作。克隆在植物界历史久远,但理论上的突破则发生在 20 世纪,即 1902 年德国植物学家哈伯兰德(Haberlandt)指出植物的体细胞具有母体全部的遗传信息,具有发育成完整个体的潜能,也就是所谓的细胞全能性。1958 年,斯图尔德(Steward)成功地将一个胡萝卜细胞在试管中培养,长成了一株具有根、茎、叶等器官的完整植株。由此,植物细胞的全能性得到了充分的论证,植物的细胞和组织培养技术得以迅速发展。然而,已分化的动物细胞是否能够再度产生完整的个体呢?这是个多年来许多生物学研究者争论的问题。早在 20 世纪 30 年代,著名胚胎学家斯佩尔曼(Spemann)就提出"分化了的细胞核移入卵子中能否指导胚胎发育"的设想,并成功进行了胚胎细胞核经移植可产生成熟动物个体的实验。直到 1997 年,伴随着克隆羊"多莉"的诞生,成功证实成熟的体细胞也具有全能性。

（二）克隆羊"多莉"

1997年2月23日,英格兰爱丁堡罗斯林研究所和 PPL 制药公司的胚胎学家伊恩·维尔穆特博士的研究小组经过多年的无性繁殖实验无性繁殖了一只雌性小绵羊——"多莉"。实验过程操作步骤如下:(1)取处于后三分之一妊娠期的6岁母绵羊（芬兰多塞特白品种绵羊）的乳腺细胞作核供体细胞;(2)注射促性腺激素 GN 促使母羊（苏格兰黑面母绵羊）排卵,28～33 小时取其未受精卵快速去核,放入 10% FCS(小牛血清)、1% FCS 和 0.5% FCS 培养;(3)乳腺细胞注射 GN 34～36 小时后与无核卵放入同一培养皿中,在微电流作用下乳腺细胞融入卵中,形成一个含有新遗传物质的卵细胞;(4)将新的卵细胞植入羊的结扎的输卵管内,6天后发育成桑椹期胚胎或囊胚(8～16 个细胞),再移入假孕母羊子宫内;(5)产下"多莉"即为6岁母羊的复制品,也为白色。

【知识拓展】

促性腺激素:是调节脊椎动物性腺发育,促进性激素生成和分泌的糖蛋白激素。如垂体前叶分泌的促黄体生成激素和促卵泡成熟激素,两者协同作用,刺激卵巢或睾丸中生殖细胞的发育及性激素的生成和分泌;人胎盘分泌的绒毛膜促性腺激素,可促进妊娠黄体分泌孕酮。怀孕初期尿中即可出现,于妊娠两个月时达高峰,临床常以此作为妊娠指标。

（三）克隆技术的应用及现状

1.克隆技术的应用

体细胞克隆技术的重大突破,是生物技术发展史上一座划时代的里程碑。尽管,这种技术还存在一些问题,但它已在实践中广泛地被应用,包括确定了动物细胞具有全能性的论断;加速了动物繁殖、优良育种、保护珍贵动物的研究。另外,在基因治疗和器官移植等方面都有光明的应用前景。

2.克隆技术的现状

动物克隆技术目前还不完善,克隆动物普遍表现为孕期流产率高、新生儿体重较重,以及产后对环境的适应性较差等。就拿"多莉"来讲,2003年2月,兽医检查发现多莉患有严重的进行性肺病,这种病在目前还是不治之症,于是研究人员对它实施了安乐死。据罗斯林研究所透露,在被确诊之前,多莉已经不停地咳嗽了一个星期。多莉的尸体被制成标本,存放在苏格兰国家博物馆。正值壮年的多莉死于肺部感染,而这是一种老年绵羊的常见疾病。据维尔穆特透露,以前多莉还被查出患有关节炎,这也是一种老年绵羊的常见疾病。通常,羊的寿命在12年左右,而多莉年仅6岁就早夭,研究人员推测死因有三种可能:①克隆动物可能存在早衰现象,它们从一出生起身体的衰老程度就类似于被克隆个体,所以寿命被缩短。就多莉而言,数字上也比较符合这个推测。②克隆过程中一些物理化学的伤害导致多莉的健康隐患,使得它容易患病。如克隆动物畸形、流产率高等问题。③多莉属于普通患病死亡。关节炎和肺部感染是绵羊的常见疾病,特别是对于室内饲养的绵羊来说患病的可能更大。这些讨论到目前为止,还没有一个确切的结论。导致克隆动物存在上述问题的原因很多,其中,缺乏基础理论支撑是重要的一方面,如基因组重新编程的机制尚不清楚。

虽然克隆动物有这样那样的问题,然而克隆技术在畜牧业和生物制药行业上已有广泛应用,被克隆的动物种类也越来越多,甚至和人类接近的灵长类动物也被克隆出来。如报道称美国科学家安东尼·钱,他于 2000 年左右成功利用胚胎分裂法复制两只恒河猴。

第四节　胚胎工程

一、胚胎工程概述

胚胎工程(Embryo technology),又程发育工程(Developmental technology),是通过体外受精、胚胎移植、胚胎分割与融合、胚胎性别鉴定,以及胚胎冷冻等系列技术,在动物的体内外对胚胎进行一定操作,用于优良动物的繁殖或改良。这些系列技术中,体外受精和胚胎移植是胚胎工程的关键,下面对这两项技术作简要介绍。

二、体外受精

体外受精包含四方面的内容:(一)精子的采集与体外获能处理。通过"上浮分离法"收集有活力的精子,并借助钙离子诱发精子的超活化运动;(二)卵子的回收与成熟培养。目前常用的方法是从屠宰的家畜卵巢中采集卵子,并进行体外成熟培养;(三)体外受精。将成熟的卵母细胞和获能的精子在一个合适的体外环境条件下共同培养一段时间,就能完成体外受精。受精成功的标志是看受精卵是否可以发育到囊胚期阶段;(四)受精卵的发育与体外培养。受精卵需要在体外培养一段时间才能移植到子宫。目前,人们还不能模拟子宫内的环境供胚胎继续发育。

三、胚胎移植

胚胎移植是动物胚胎工程的一项关键技术。胚胎移植也称为受精卵移植,是指一头母畜(供体)发情排卵并经过配种后,在一定时间内从其生殖道(输卵管或子宫角)取出受精卵或胚胎,或者体外培养受精卵发育至囊胚期,然后把它们移植到另外一头与供体同时发情排卵、但未经配种的母畜(受体)的相应部位(输卵管或子宫角)。这个来自供体的胚胎能够在受体的子宫着床,并继续生长和发育,最后产下供体的后代。这也是通常所说的"借腹怀胎"。

(一)超数排卵

雌性动物卵巢中有数以万计的卵母细胞资源,但就母畜一生而言,99.9％以上的原始卵泡都注定要锁闭,只有极少数的能发育成熟并排卵。也就是说,自然状态下的雌性动物的遗传资源没有得到充分利用。

超数排卵是指在母畜发情周期的适当时间用人工的方法促使其有更多的卵泡发育、成熟、排卵的一项技术,目的是最大限度地利用母畜的生殖能力。

(二)发情同步化

进行胚胎移植必须使供体与受体同步发情,也就是要处于相同的生殖周期。

(三)人工受精与胚胎的采集

经过超数排卵处理的动物在观察到发情的当日晚或次日晨进行人工受精,两次受精可以保证已排出的卵受精,受精卵的发育与其在输卵管内的移动速度是基本同步的。通常在受精后 3～7 天,可通过外科手术回收法,或非手术回收法从供体动物体内采集受精卵。采集到的受精卵或胚胎最好作短期培养,以便受损的细胞得以修复。

(四)胚胎移植

选择与供体发情周期同步的、生殖道正常、无疾病、繁育史良好的受体接受胚胎移植,移植的方法与胚胎采集相似,也有手术法和非手术法两类。

【知识拓展】

试管婴儿:即体外受精结合胚胎移植技术,是指分别将卵子与精子取出后,在体外(培养皿中)使其受精,并发育成胚胎后,再植回母体子宫内发育、出生获得婴儿的一种技术。根据技术水平的发展,试管婴儿可分三阶段:常规的第一代;通过精子卵细胞浆内注射的第二代;种植前遗传学诊断的第三代。

【合作讨论】

1. 为提高细胞培养实验的成功率,试讨论有哪些需要注意的地方?
2. 干细胞、胚胎干细胞和普通的动植物细胞在形态、结构和功能方面有哪些差异?
3. 试讨论胚胎干细胞、体细胞克隆和 iPS 技术三者在医学应用上的前景和存在的问题?
4. 试讨论胚胎发育的过程,以及各胚层最终发育成哪些组织和器官?

第八章 生物分离工程

知识目标:
  掌握生物分离工程学科的整体框架;
  掌握生物分离与纯化的一般过程;
  掌握生物分离过程设计前所要了解的信息;
  了解生物分离工程的未来发展趋势与应用前景;
  了解生物分离工程的未来发展趋势与应用前景。
能力目标:
  具备从事基因工程下游过程研发及相关工作的能力;
  培养学生一定的工程概念与创新能力。

一、生物分离工程的概念

  生物分离工程指从发酵液、动植物细胞培养液、酶反应液和动植物组织细胞与体液等中提取、分离纯化、富集生物产品的过程,为提取生物产品时所需的原理、方法、技术及相关硬件设备的总称。因为它处于整个生物产品生产过程的后端,所以也称为生物工程下游技术(downstream processing)。

  生物技术的主要目标是生物物质的高效生产,而分离纯化是生物产品工程的重要环节。因此,生物分离是生物技术的重要组成部分。在生物技术领域,一般将生物产品的生产过程称为生物加工过程,包括优良生物物种的选育、基因过程、细胞工程、生物反应过程(酶反应、微生物发酵、动植物细胞培养等)及目标产物的分离纯化。生物分离工程包括目标产物的提取、浓缩、纯化及成品化等过程。生物分离过程特性主要体现在生物产物的特殊性、复杂性和对生物产品要求的严格性上,其结果导致分离过程成本往往占整个生产过程成本的大部分。例如,大多数工业酶的分离过程成本约占生产过程的 70%,而对纯度要求更高的医用酶,如天冬酰胺酶,分离过程成本高达生产过程的 85%;基因重组蛋白质药物的分离过程成本一般占 85%~90% 以上。与此相比,小分子生物产物的分离成本较低,如青霉素的分离过程成本约占 50%,而乙醇的分离过程成本仅占 14%。因此,在生物大分子药物的生产过程中,分离过程的质量往往决定了整个生物加工过程的成败。开发高效的分离技术、设计合理的生物分离过程可大幅度降低生物加工过程成本,提高产品的市场竞争力,促进人类健康水平和生活质量的提高以及社会经济的发展。然而对其的研究则不如上游技术那样积极而富有成果。不过这种情况正在得到很大的改变,分离纯化技术在生物技术产品的产业化过程中的重要作用已为人们所认同,对其研究也日趋活跃,并且得到更大的重视。

二、生物分离工程的发展过程

生物分离与纯化技术至今已有几百年的历史。16世纪出现了用水蒸气从鲜花与香草中蒸馏提取天然香料的方法。而从牛奶中提取奶酪的历史则更早。近代生物分离与纯化技术是在欧洲工业革命以后逐步发展形成的。19世纪60年代,由于微生物功能的发现,生物技术产业进入了近代酿造产业阶段。20世纪40年代初,开始大规模深层发酵生产抗生素,反应粗产物的纯度较低,而最终产品要求的纯度却很高,进而因为大型好气性发酵装置的开发和化工单元操作的引进,酿造产业扩展为发酵产业。同时,化学工业中的分离方法约有80%在生物技术产品的生产中得到应用。80年代以来,由于基因工程、酶工程、细胞工程、微生物工程等的迅速发展和新的分离与纯化方法的出现,推动了现代生物技术产品的研究和开发(如基因工程人胰岛素、干扰素、动物疫苗等)。可以预计,随着生物工程技术的不断进步、工程学理论研究的不断深入、材料科学发展带来的新分离原理的采用、机械制造水平提高导致的分离纯化设备性能的增强,一个门类众多、品种齐全、品质优良、技术先进、应用广泛的现代生物工程产业必将会屹立于世界产业之林。

【知识拓展】

近代生化分离技术与瑞典 Uppsala 大学

生化分离技术对生物技术和生物学的发展起着重要的作用,而近代生化分离技术与瑞典 Uppsala 大学密切相关。瑞典 Uppsala 大学对生化分离方法的研究最早起源于 Svedberg 教授。在20世纪20年代初,Svedberg 在 Uppsala 大学物理化学系首先采用超高速离心分离技术分离蛋白质等生物大分子。1924年,Svedberg 发明了超高速离心机,并且首次从血液中分离出血红蛋白。1926年,Svedberg 由于超高速离心机的发明及血红蛋白的发现获得诺贝尔化学奖。

1925年,23岁的 Arne Tiselius 大学毕业后,做了 Svedberg 的研究生。当时 Svedberg 认识到蛋白质的物理性质不但可以在离心场中观察到,而且有可能在电场中研究。因此,他鼓励 Tiselius 从事移动界面电泳法的研究。1930年,Tiselius 首先发明了一种 U 形管自由移动界面电泳装置,之后 Tiselius 对该装置进行了改进,如采用冷却系统消除热扩散等。

当时蛋白质的检测非常复杂,检测结果主要采用照片拍照的方式获得。之后 Tiselius 的学生 Philpot 和 Svensson 发明了一种紫外光学系统,用于检测蛋白质,成功地将蛋白质浓度变成了色谱峰,即现在常用的紫外监测器的雏形。

1937年,Tiselius 推出了新的电泳装置。Tiselius 采用新的移动界面电泳装置从血清蛋白粗品中分离出血清蛋白及三种球蛋白,他将这三种球蛋白分别命名为 α-、β-、γ-球蛋白。同年,Uppsala 大学因为 Tiselius 的工作专门成立了生物化学系,Tiselius 成为生物化学系的第一位教授。

20世纪40年代后,Tiselius 开始了色谱分离技术的研究。1956年,Tiselius 首先发明了羟基磷灰石,系统研究了吸附色谱的规律,建立了至今仍在应用的三种色谱洗脱方式(洗脱、前沿及置换),并首先将梯度洗脱引入色谱。由于在色谱及电泳方面的杰出贡献,1948年 Tiselius 获得诺贝尔化学奖。

20 世纪 50 年代后,Uppsala 大学生物化学系在新型生化分离技术研究上进入了一个黄金时代。1959 年发明了凝胶过滤,60 年代发明了等电聚焦、凝胶电泳,以及 70 年代发明的金属亲和色谱分离技术和毛细管电泳技术等,培养了一大批世界著名的教授,如凝胶过滤的发明人 Jerker Porath、毛细管电泳的发明人 Stellan Hjerten 等。而且 Tiselius 的许多学生进入了工业界,参与了瑞典两大生物技术公司 Pharmacia 和 LKB 及美国的 Bio-Rad 公司的建设,如 1950 年 Kirstie Granath 在 Pharmacia 建立了物理化学实验室,1953 年在电泳领域颇有建树的 Svensson 成为 LKB 的研究开发部主任,1954 年 Sephadex 的发明人 Per Flodin 成为 Pharmacia 的葡聚糖实验室主任,1955 年 Bertil 在 Pharmacia 建起了生物化学实验室。这些任命不但加强了工业界和 Uppsala 大学生物化学系的联系,而且加速了科研成果向企业界的转化,给企业带来了巨大的财富,如 Pharmacia 公司 1983 年年销售额的三分之一是从生化分离技术(介质)中获得的。LKB 的主要产品如色谱、电泳的技术都来自 Uppsala 大学。美国 Bio-Rad 公司的色谱介质 Biogel A、Biogel P 及毛细管电泳技术也是来自 Uppsala 大学。世界范围内生化分离的色谱介质(软介质)及电泳装置的技术均主要来自 Uppsala 大学。因此 20 世纪 60 年代到 80 年代,Uppsala 大学生物化学系被国际学术界称为"Uppsala 分离技术学院"。

【知识拓展】

葡聚糖的发现

1941 年,23 岁的 Ingelman 从 Uppsala 大学毕业后,做了 Tiselius 的研究生。Tiselius 让他接手一个瑞典制糖厂的项目,从甜菜糖中分离出果胶,以替代进口果胶。当时由于第二次世界大战,果胶极为缺乏,Ingelman 意外地发现其提取的果胶中存在另一种多糖——葡聚糖。为了提高葡聚糖的成胶性,Ingelman 采用一种双功能基团交联剂——氯代环氧丙烷进行交联,得到了一种不溶于水,但在水中溶胀的凝胶。他将有关结果报告给制糖公司,但制糖公司对这种水不溶性凝胶并不感兴趣,因此 Ingelman 于 1946 年放弃了这个成果的专利申请。但 Ingelman 发现这种凝胶能够渗透一些物质而排斥另一些物质,有可能能用于医药,因此他没有公开发表有关内容。1946 年他进入 Pharmacia 后,继续葡聚糖的研究。1947 年,Pharmacia 推出了第一个基于葡聚糖的浸剂溶液(商品名 Macrodex)。1950 年,Pharmacia 由 Stockholm 搬到了 Uppsala,同时 Ingelman 被任命为葡聚糖研究室主任,之后 Pharmacia 开发了许多葡聚糖产品,成为世界上生产葡聚糖最大的厂家。

【知识拓展】

琼脂糖的发现和 Sepharose

1961 年美国的 Polson 首先将琼脂糖用于垂直柱电泳中,但由于琼脂有很多带电基团,对电泳产生干扰,导致重复性不好。20 世纪 60 年代初,Uppsala 大学生物化学系的 Stellan Hjerten 开始研究琼脂。通过文献检索和实验,他发现琼脂是由琼脂糖和琼脂果胶组成,琼脂中的带电基团是琼脂果胶引入的。其实这一结果早在 1937 年首先由日本学者 Araki 发现,Araki 在一篇文章中阐述了琼脂是由两部分——琼脂糖和琼脂果胶组成,但由于这篇文章发表在日文杂志上,因此很少有人知道。Hjerten 从琼脂中分离出琼脂糖,并且将琼脂糖制成了凝胶球,成功地建立了琼脂糖凝胶电泳。同时,Hjerten 意识到新做成的琼脂糖凝胶很有可能用于凝胶过滤。经过实验,Hjerten 发现琼脂糖凝胶完全可以用作色谱介质,因而发明了琼脂糖凝胶色谱。Hjerten 先和 LKB 商量申请专利,但 LKB 由于经费原因放弃了专利权。而后 Hjerten 又建议 Pharmacia 公司申请专利,但 Pharmacia 当时对琼脂糖凝胶不感兴趣,Hjerten 只好将这个研究成果公开。Hjerten 将琼脂糖凝胶用于电泳,取得了很好的分离效果。之后 Hjerten 又研究了聚丙烯酰胺凝胶,发现这种凝胶用于电泳,可以分离许多蛋白质,从而奠定了凝胶电泳的基础。

美国的 Bio-Rad 公司根据这一结果制备凝胶,商品名为 Biogel A。之后 Pharmaicia 意识到这种凝胶的重要性,开始生产这种凝胶,商品名为 Sepharose,取 Separation、Pharmacia 和 agarose 的字头或字尾。但普通的琼脂糖凝胶稳定性较差且容易压缩,20 世纪 70 年代初 Porath 和 Jan Christer Janson 等对琼脂糖凝胶进行交联,生产了今天常用的交联 Sepharose Cl,并且将琼脂糖交联技术申请了专利,从此交联型 Sepharose 成为 Pharmacia 的主要产品。70 年代后 Sepharose 的衍生物如离子交换树脂问世,80 年代 Pharmacia 开发了高度交联的 Fast Flow Sepharose 介质和 Superose,从而奠定了 Sepharose 在生化分离中的盟主地位。

三、生物分离工程的研究内容

生物工程技术的主要目标是生物产品的高效生产,其中生物分离工程是完成生物产品分离纯化、得到高质量商品的重要环节。生物分离工程研究的内容就应该包括两方面:一是研究目标产品及其基质的性质;二是研究根据产品及基质选择合适的分离纯化技术,包括对基本技术原理、基本方法、基本设备的研究。

（一）生物分离工程主要目标产品类型

生物分离过程主要针对两方面的产品:一是直接产物,即由发酵直接生产,分离过程从发酵罐流出物开始;二是间接产物,即由发酵过程得到细胞或酶,再经转化和修饰得到产品。这些产品可按相对分子质量大小分类,也可按产品所处位置分类。相对分子质量小于 1000 的,如抗生素、有机酸、氨基酸等;相对分子质量大于 1000 的,如酶、多肽、蛋白质等。不被细胞分泌到胞外的胞内产品,如胰岛素、干扰素等;在胞内产生又分泌到胞外的胞外产品,如某些抗生素和酶等。不同类型的产品对分离纯化的要求不同,所采用的分离纯化技术也不同。对这些产品性质的深入了解,有助于有效选择分离纯化技术。

（二）生物分离工程技术原理的探讨

分离是利用混合物中各组分在物理性质或化学性质上的差异,通过适当的装置和方法,使各组分分配至不同的空间区域或者在不同的时间依次分配至同一空间区域的过程。分离只是一个相对的概念,我们不可能将一种物质从混合物中百分之百地分离出来,但追求尽可能高纯度、高效率的分离纯化是生物分离工程研究的重要内容。对分离技术原理的探讨和不同分离原理的组合研究,是开发高效率分离纯化新技术、新介质的基础。

（三）生物分离工程设备的研究

生物分离工程设备是实现生物工程产品高效率分离和纯化的基本保障，对分离设备性能、选择原则的研究有利于开发新设备。

（四）生物分离操作过程的设计与优化

研究设计、优化分离操作过程对生物工程产品的生产十分重要，合理的、完善的分离操作过程是充分利用所采用分离技术原理的特点、充分发挥分离设备的技术性能的前提，有利于达到提高分离效率、减少分离步骤、获得高质量产品、降低生产成本、提高企业经济效益的目的。

四、生物分离技术的分类

生物分离技术的分类很灵活，可以按被分离物质的性质分类，也可以按分离过程的本质分类。按被分离物质的性质分类，可分为物理分离法、化学分离法、生物学分离法。按分离过程的本质分类，可分为平衡分离过程、差速分离过程和反应分离过程。

1. 平衡分离法根据溶质在两相（如气液、气固、液液、液固、气固）间分配平衡的差异实现分离。溶质达到分配平衡的推动力仅取决于系统的热力学性质，即溶质偏离平衡态的浓度差（化学势差）。显然，溶质达到相间分配平衡的过程为扩散传质过程，因此，平衡分离又称扩散分离。蒸馏、蒸发、吸收、萃取、结晶、沉淀、吸附和离子交换、色谱等均为典型的分离过程。

2. 差速分离是利用外力（如压力、重力、离心力、电场力、磁场力）驱动溶质迁移产生的速度差进行分离的方法。传统的过滤、重力沉降和离心沉降等非均相物系的机械分离方法根据溶质大小、形状和密度差进行分离，也属差速分离的范畴。其他典型的差速分离法包括超滤、反渗透、电渗析、电泳等。

3. 反应分离是利用外加能量或化学试剂，促进化学反应进行而达到分离的目的。

表 8-1　主要生物分离技术和分离原理

分离原理	分离技术	应　　用
沸点和蒸汽压	蒸馏	乙醇
	精馏	有机溶剂回收
	蒸发	制盐、抗生素富集
分配系数	液-液萃取	抗生素
	液-固萃取	中药分离
	固相萃取	天然产物
	双水相萃取	酶
	反胶束萃取	DNA 重组蛋白质
	超临界萃取	中药提取
比重、密度	常规离心	细胞分离
	高速离心	细胞、病毒分离
	超速离心	病毒、细胞器、DNA
膜分离	常规过滤	发酵液
	微滤	细菌、细胞碎片
	超滤	蛋白质、酶
	纳滤	有机物回收、污水治理
	反渗透	海水淡化、污水处理

续表

分离原理	分离技术	应 用
溶解度	结晶	味精
	盐析	蛋白质、酶
	有机试剂	蛋白质
	等电点法	蛋白质、酶
吸附	非特异性吸附	抗生素
	特异性吸附	抗体
	亲和吸附	抗原抗体
	离子交换	抗生素
色谱或层析	凝胶	抗生素、蛋白质
	亲和色谱	抗体
	离子交换	蛋白质
场致分离	磁性免疫微球	抗原抗体
	区带电泳	蛋白质
	等点聚焦电泳	蛋白类

由于生物分离技术的多样性,分类方法并不局限于上述简单的分类。不同分离原理可以组合构成新的分离技术。在有些情况下,两种分离原理共同发挥作用,促进分离效率的提高。例如,色谱和电泳相结合的色谱电泳和电色谱过程既利用色谱的平衡分离原理,又利用电泳或电渗的电场驱动作用强化分离。因此,分离技术丰富多彩,并不局限于上述简单的分类。不同分离原理的组合可派生新型高效的分离方法,是生物分离工程研究的重要内容。

对于特定的目标产物,要根据其自身的性质以及与其共存杂质的特性,选择合适的分离方法和不同分离方法的组合,以获得最佳分离效果,实现高纯度、高收率和低成本的分离目标。

【知识拓展】

液相层析原理简介

层析分离都具有固定相和流动相,固定相是不动的,流动相对固定相作相对的运动。液相层析技术利用混合物中各组分在两相中分配系数不同,当流动相(液体)推动样品中的组

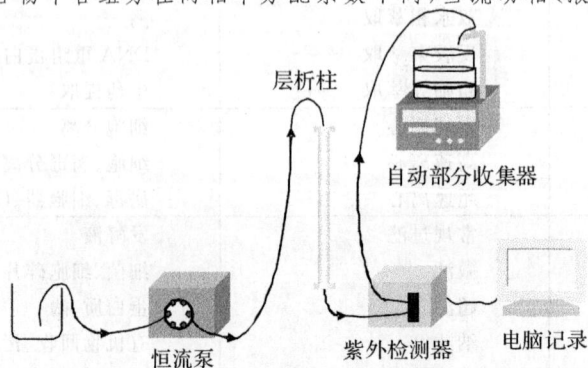

图 8-1 液相层析分离流程图

分通过固定相时,在两相中进行连续反复多次分配,从而形成差速移动,达到分离的方法。层析技术是生物下游加工过程最重要的纯化技术。常用的液相层析固定相有葡聚糖凝胶、琼脂糖凝胶、合成高分子凝胶等。按照分离机制的不同,液相层析可分为凝胶过滤层析、离子交换层析、疏水性层析、反相色谱、亲和层析等不同类型。

五、生物分离与纯化的一般过程

由于生物原料带有明显生物物质的特征,因此分离与纯化工艺不能简单地应用化工单元操作。制备一个生物工程产品,往往需要将多步单元操作串联起来,最终得到符合一定质量要求的产品。通常,下游分离过程包括以下几个处理阶段:原料的预处理和固液分离、产物提取、产物纯化(精制)、成品加工。从发酵液或培养液中进行生物产物分离的一般流程见图 8-2。

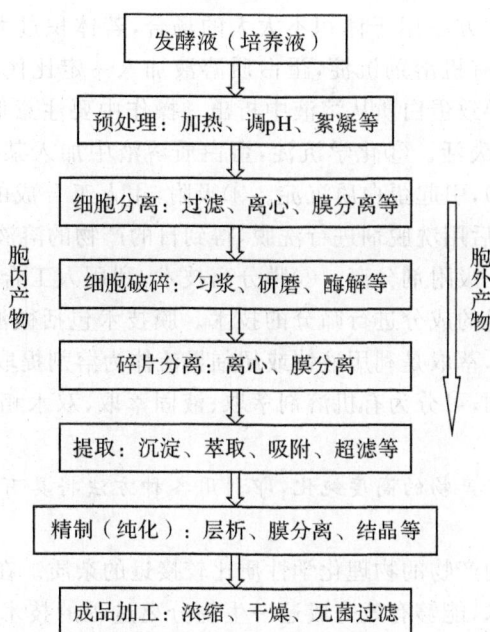

图 8-2　生物分离过程的一般流程

(一)原料的预处理和固液分离

生物产品的起始分离材料中含有可溶性及不可溶性、大分子与小分子多种成分,生物分离的第一步就是要通过固-液分离,将菌体细胞或不溶性成分从溶液中分离出来,从而得到透明清澈的液体,才能采用各种物理、化学、生物的方法进行产物的进一步分离纯化。

发酵液的预处理也称不溶物的去除,主要采用凝聚和絮凝等技术来加速固相、液相分离,提高过滤速度。过滤和离心是发酵液预处理最基本的单元操作。在这个阶段,要除去与目标产物性质有很大差异的杂质,从复杂的料液中分离出目标产物,将产物浓缩并转移到能保护产物活性的环境中。如果是提取胞内产物,先要把细胞、菌体与发酵液分离,然后破碎细胞,通过离心、过滤等手段去除细胞碎片,收集溶有目标产物的清液。

固液分离所用的单元操作有:①絮凝,在溶液中加入高价无机盐离子或大分子高聚物,利用无机盐离子电荷或高聚物电荷的架桥作用,使得溶液中的不溶物或部分大分子杂质从溶液中沉淀,得到澄清溶液,方便进一步处理。②离心,通过离心作用,将固体粒子或菌体与液体分离,得到澄清溶液。③过滤,由过滤设备将固体粒子截留,而得到澄清溶液。④微孔过滤,利用微孔滤膜或微孔过滤器将一定大小粒子或菌体(0.2微米)以上滤除,得到澄清溶液。⑤细胞破碎技术,细胞内产物的分离,需要破碎细胞、释放目的产物。细胞破碎技术包括机械破碎(珠磨、高压匀浆机、超声波等)和化学破碎(调 pH 值、化学试剂处理、溶菌酶)等。

(二)产物提取,也称为目标产物的初步分离纯化

通过这一阶段的操作,将目标物和与其性质有较大差异的杂质分开,使产物的浓度有大幅度的提高,显著缩小物料体积,为纯化操作创造有利条件。这是一个多单元协同操作的结果,可采用沉淀、吸附、萃取、超滤等单元操作。

所用方法:①盐析法,在蛋白质溶液中加入高浓度的无机盐(如硫酸铵或氯化钠等),使蛋白质从溶液中析出。此方法用于体积不太大的场合,若体积过大,无机盐加入量必然很大,将造成环境问题。②有机溶剂沉淀,蛋白质溶液加入一定比例的有机溶剂(乙醇、丙酮等),溶液极性发生变化导致蛋白质从溶液中析出。操作中要注意低温下操作(10℃以下),否则,会引起蛋白质变性失活。③化学沉淀,蛋白质溶液中加入某些沉淀剂(钙离子、锌离子、大分子电解质聚合物),引起蛋白质沉淀。④吸附,用人工合成的多孔性高聚物微球,从溶液中吸附目的分子,然后用洗脱剂进行洗脱,得到目的产物的溶液。许多抗生素、氨基酸、天然植物成分均可用大孔吸附剂分离。⑤膜分离技术,利用人工合成的高聚物膜上的孔道特征将溶液中不同分子量的成分进行筛分的技术。膜技术包括微滤、超滤、纳米过滤、反渗透、渗透蒸发等。⑥萃取,萃取是利用液体或超临界流体为溶剂提取原料中目标产物的分离纯化操作。按其原理不同,可分为有机溶剂萃取、液固萃取、双水相萃取、液膜萃取、反胶团萃取、超临界萃取等。

(三)精制也称为目标产物的高度纯化,即利用各种方法将具有一定纯度的生物产品进一步纯化至高纯度状态

其目的是去除与目的产物的物理化学性质比较接近的杂质。在这个过程中通常采用对产物有高度选择性的技术,能够有效完成这一生物分离过程的技术首选色谱分离技术。目前这一阶段的单元操作涉及的色谱分离技术有凝胶过滤层析、离子交换层析、疏水性相互作用色谱、亲和色谱等。

①凝胶过滤层析,利用凝胶过滤介质为固定相,根据料液中溶质相对分子质量的差别进行分离的液相色谱法。可用于相对分子质量从几百到 10^6 数量级的物质的分离纯化以及生物大分子溶液的脱盐。

②离子交换层析,是根据荷电溶质与离子交换剂之间静电相互作用力的差别进行溶质分离的洗脱色谱法。利用多孔离子交换树脂上所带的电性基团吸附溶液中的带相反电荷的生物分子,然后用洗脱剂进行解析处理,得到洗脱液。许多抗生素、氨基酸、有机酸、天然植物带正电荷或负电荷成均可用离子交换树脂吸附法进行分离。离子交换层析是蛋白质、肽和核酸等生物产物的主要分离纯化手段。

③疏水性相互作用色谱,利用表面偶联弱疏水性基团(疏水性配基)的疏水性吸附剂为固定相,根据蛋白质与疏水性吸附剂之间的弱疏水性相互作用的差别进行蛋白质类生物大分子分离纯化的一种色谱法。

④亲和层析,利用生物体内各种特异相互作用的分子对(抗原－抗体、激素－受体、凝集素－糖蛋白、酶－底物或抑制剂等)设计的分离方法,是利用生物分子间的这种特异性结合作用的原理进行生物物质分离纯化的技术。将亲和体系中的一种分子与固体粒子或可溶性物质共价偶联,可特异性吸附或结合另一种分子(目标产物),使其从混合物中高选择性地分离纯化。如通过化学固定化技术将酶抑制剂固定到载体介质上,就可从生物材料中分离某种酶。

(四)成品加工

经过上述三个阶段的分离纯化,已经获得了所要的生物产品,但它还不是商用成品,还要根据产品的用途、质量要求进行最后的加工,来提高浓度,或制成晶体状或粉状固体。这一阶段的单元操作有浓缩、结晶与干燥。结晶是从液相或气相生成形状一定、分子(或原子、离子)有规则排列的晶体的现象。对热比较稳定的成分的干燥可以用喷雾干燥、气流干燥等方法;对于蛋白质类热不稳定成分可用真空冷冻干燥,在低温冷冻条件下除去水分,得到冻干品。

上述四个步骤和其包含的单元操作是生物分离过程的基本程序,生物产品种类繁多,每一个具体目标物都有自己特定的分离纯化过程,具体分离制备过程可以参考相关手册和资料。

【知识拓展】

基因工程人胰岛素生产过程

人胰岛素可以利用基因工程大肠杆菌生产,但产品的浓度很低,而且细菌只能产生胰岛素前体,需要对其进行化学裂解以获得人胰岛素产品。人胰岛素是一种注射用治疗试剂,成品的纯度至关重要,凡是可能对人体造成危害的细胞杂质都应该完全去除。

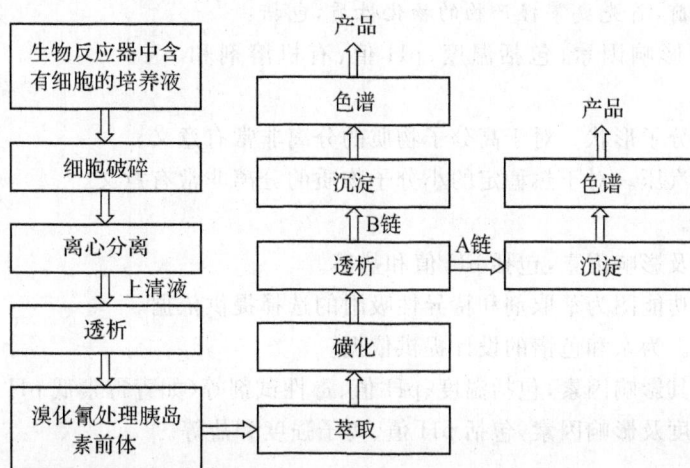

人胰岛素在细菌内以包含体形式存在,包含体形成袋状物并与细胞质中其他组分彼此隔离,其内部富含胰岛素。因此需要进行细胞破碎以释放包含体,进而得到人胰岛素,使之进入水溶液中。加入溴化氰裂解胰岛素前体,形成 A 链和 B 链,然后透析改变溶液的 pH值,引入新的缓冲溶液,并且去除裂解试剂。在提取出多肽并经磺化反应后,进行 A 链和 B

链的分离。这些纯化步骤包含沉淀和一个色谱步骤。对于 A 链所在的上清液,其中的杂质组分在 pH5 条件下沉淀,接着进行弱阴离子交换色谱处理,最后进行高效反相液相色谱(HPLC)分离。包含 B 链的透析液经过沉淀、阴离子交换色谱和凝胶过滤层析等处理得到成品。

【知识拓展】

狂犬疫苗生产的下游加工过程

病毒疫苗的生产可采用动物体、单细胞培养和悬浮培养等方法,在宿主细胞分泌病毒或者病毒裂解细胞之后获得疫苗蛋白。狂犬疫苗生产工艺如下:

1. 采用微载体培养技术用猿猴细胞生产狂犬疫苗,每批生产规模可达几百升。

2. 猿猴细胞固定在微载体颗粒上,病毒感染细胞并进行复制。

3. 利用一系列超滤膜组件分离微载体颗粒和病毒。

4. 采用化学法灭活狂犬疫苗:低温下用 β-丙内酯灭活;再升温使 β-丙内酯水解。

5. 采用区带离心分离去除非抗原性物质,以减少产品的副作用。

6. 在疫苗制剂中加入白蛋白作为稳定剂。

```
生物反应器中含
有细胞的培养液
    ↓
   膜过滤
    ↓
超滤,膜截留分子
量为1万—10万    ⟹ 滤液
    ↓ 浓缩的病毒
β-丙内酯灭活
病毒,4℃
    ↓
  37℃水解
    ↓
  区带离心      ⟹ 非抗原物质
    ↓
   产品
```

六、生物分离纯化工艺设计前应了解的信息

(一)在设计前,首先要掌握产物的物化性质,包括:

①溶解度及影响因素,包括温度、pH 值、有机溶剂和盐等。

②分子量和分子形状。对于高分子物质的分离非常有意义。

③沸点和蒸汽压。对于热稳定的小分子物质的分离非常有意义。

④极性大小。

⑤分子电荷及影响因素,包括 pH 值和盐等。

⑥功能团。功能团为萃取剂和特异性吸附的选择提供依据。

⑦免疫原性。为亲和色谱的设计提供依据。

⑧稳定性及其影响因素,包括温度、pH 值、毒性试剂等(如青霉素低 pH 不稳定)。

⑨分子的浓度及影响因素,包括 pH 值、离子强度和盐等。

⑩等电点。

(二)成品规格(或产品质量标准)

不同技术规格的产品,分离纯化过程的方案差别很大,设计产品分离方案前要了解成品的规格(或产品质量标准)。产品技术规格包括纯度要求、活性要求、物理特性、卫生指标等,分离纯化的过程应与之相适应。如下表为五肽胃泌素的上海市药品标准。

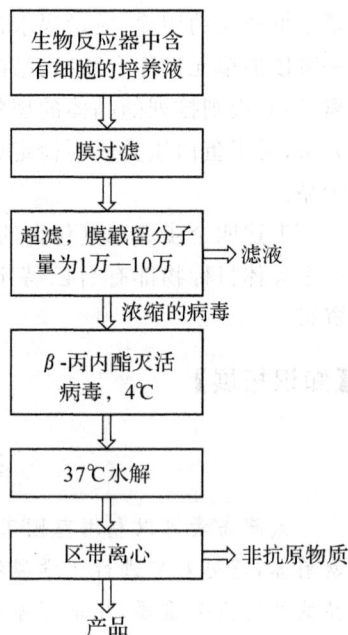

表 8-2　五肽胃泌素的上海市药品标准

指标名称	指　　标
含量（C37H49N7O9S）	$97.0 \sim 103.0$
比旋光度	$-25° \sim -29°$
吸收值比	A(280nm)：A(288nm)＝$1.12 \sim 1.22$
氨基酸	各氨基酸之比为1
干燥失重（%）	0.5

（三）进料的组成和物性，包括：

①目的产物的浓度高低。

②物料中与目的产物相近物质的物理化学性质。

③目的产物的定位是胞内还是胞外。

④菌种的种类和形态。

⑤微生物的含量和发酵液的黏度。

（四）生产规模

不同的单元操作适合于不同的生产规模。比如冷冻干燥只适合小批量生产，而大规模生产需要干燥时，就应采用真空干燥或喷雾干燥。另外，透析脱盐过程只适用于实验室小规模的物质处理。所以，要综合考虑规模效应。

（五）分批分离还是连续纯化

有些单元操作适用于分批生产，有些则能够连续运行，若要适应上游发酵过程分批或连续的操作方式，分离纯化过程的单元操作必须改进。

（六）对环境的危害性

设计工艺过程时，要充分注意废物的排放和危险生物物质的处理，避免污染环境。这些废物和危险物质包括：

①发酵产生的废气、干燥产生的粉尘等。

②目的产物本身的危害性。抗肿瘤代谢类药物、抗生素、激素类药物等。

③试剂危害。萃取试剂四氯化碳、甲苯、苯、二甲苯。

④微生物的危害。重组 DNA 工程菌不能任意排放。这一菌种为新的物种，不能排除对生态系统和人的危害。

七、生物分离方法选择的基本原则

生物分离与纯化的工艺过程，首先要考虑产品的性质，如产品的位置、分子结构、在原料中的浓度等。在遵循产品性质规律的前提下，生物分离过程还要注意方法选择的以下一些基本原则：

（一）生产成本要低

分离与纯化所需的费用占产品总成本的很大比例，尤其对于基因工程药物，有时分离与纯化费用占到生产成本的 80%～90%。因此，成本是分离纯化工艺设计的首要考虑因素，要尽可能选择简单、低耗、高效、快速的分离方法和工艺。

（二）分离步骤尽可能少

所有的分离纯化过程都有多个步骤和多个单元操作，步骤越多产品回收率越低，而且步骤越多，设备投入大，人员物资消耗大，生产周期长，操作成本会上升。要避免相同原理的分离技术多次重复出现，比如分子筛和超滤技术按分子量大小分离，重复应用两次以上，意义就不大了。

（三）合理的分离步骤次序

在对生物产品进行分离纯化时，要根据产品的特点设计各个步骤的先后次序，也可以通过每种方法在分离纯化中所起的作用来确定使用各种方法的先后次序。原则：先低选择性，后高选择性；先高通量，后低通量；先粗分，后精分；先低成本，后高成本。比如：沉淀能处理大量的物质，且受干扰物质的影响小，因此首先使用沉淀操作；亲和色谱的纯化效率很高，对目的物纯度也有较高的要求，通常在流程的后阶段使用。

（四）尽量减少新化合物进入待分离的溶液

分离过程中不可避免要引入新的一些化合物，在选择添加这些化合物时要慎重，注意尽量避免引起新的化学污染，避免引起蛋白质的变性失活。

八、生物分离过程的特点

生物分离过程的处理对象是发酵液、酶反应液或动植物细胞培养液，它们都是具有生理活性的复杂的多相体系，且溶质浓度很低。在使溶质保持生物活性和功能的前提下，将其从复杂体系中分出具有很大的难度。因此，生物分离纯化过程与化学分离过程相比有许多特殊之处。

（一）生物产品的特点

1. 应用面广，生物产品涉及医药卫生、环保、动植物生长调节、食品和试剂等。

2. 种类繁多。分子量范围大，结构功能复杂，生物活性各异。如分子量小于 1000 的生物产品有抗生素、有机酸、aa、多肽类等，分子量大于 1000 的生物产品有酶、抗原、抗体、多肽、蛋白质等。

3. 产品的质量要求高，最终产品要求的纯度很高，特别是药品。用作医药、食品和化妆品的生物产物与人类生命息息相关，要求最终产品的质量必须符合药典、试剂标准和食品规范等国家标准。因此，要求分离与纯化过程必须除去原料液中的热原及具有免疫原性的异体蛋白等有害人体健康的物质，并且防止这些物质在操作过程中从外界混入。如成品青霉素对其强致敏原——青霉噻唑蛋白必须控制放射免疫测定值小于 $100(1.5 \times 10^{-6})$，蛋白类药物杂质一般要求小于 2%，重组胰岛素中杂蛋白含量要小于 0.01%。

4. 生物活性物质的稳定性低。易变质、易失活、易变性，对温度、pH 值、重金属离子、有机溶剂、剪切力、表面张力等非常敏感。外部条件不稳定或急剧发生变化，容易引起生物活性的降低或丧失。因此，为维持生物物质的活性，对分离与纯化过程的操作条件有严格的限制。

（二）原料液的特点

1. 生物分离与纯化处理的原料液体系十分复杂，含有微生物细胞、菌体、代谢产物、未耗用的培养基以及各种降解目标产物的杂质（如蛋白酶等）。

2. 原料液中常存在与目标分子在结构等理化性质上极其相似的分子及异构体，形成用普通方法难以分离的混合物。

3.除少数特定的生化反应系统,原料液是产物浓度很低的水溶液,目的产物在初始物料中的含量一般都很低,有时甚至是极微量的。如发酵液中青霉素(4.2%)、庆大霉素(0.2%)、干扰素(<50ug/mL)。

(三)生产成本特殊

据各种资料统计,分离与纯化过程所需的费用占产品总成本的很大比例,尤其对于基因工程药物,有时分离与纯化费用占生产成本的比例可达80%～90%。产品价格与产物浓度成反比。对现有生物产品的调查显示,产品的价格通常与其在生物反应器溶液中的浓度成反比,即产品初始浓度越低,该产品的最终售价越高。

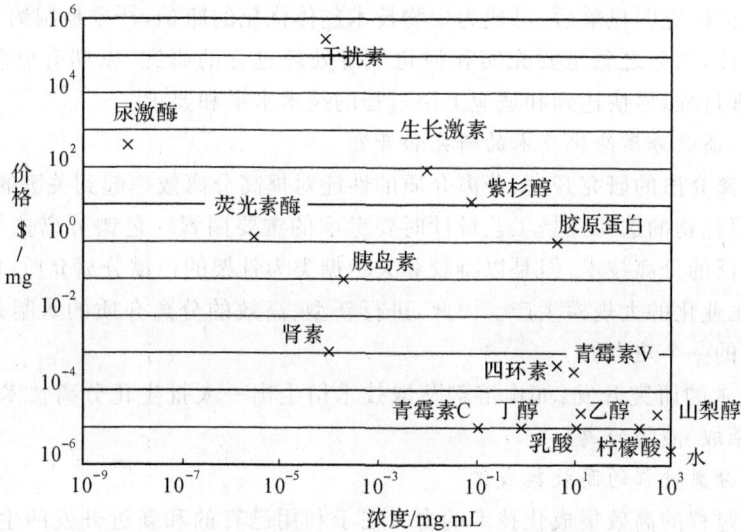

图8-3　医药和生物技术产品的售价与其初始浓度关系

(四)工艺设计特殊

1.为保持目标产物的生物活性和功能,必须设计合理的分离过程、优化单元操作条件,实现目标产物的快速分离纯化,获得高活性目标产物。

2.为实现性质相似产物的分离需利用具有高度选择性的分子识别技术或高效液相色谱分离技术纯化目标产物,并且采用多种分离技术和多个分离步骤完成一个目标产物的分离纯化。

3.为提高产品回收率,必须优化设计分离过程和各个单元操作,并努力开发和应用新型高效的分离纯化技术。

4.为与生物工程上游技术相衔接,要求分离纯化过程有一定弹性,能够处理各种条件下的原料液,特别是染菌的发酵液。

5.单元操作:因为生物产品的种类和性质都呈多样性,所以用到的单元操作也是多种多样的;同一单元操作可以在不同的工艺阶段使用;为获得最佳分离效率,不同的单元操作可以组合。

总而言之,生物技术产品的特点给生物分离工程提出了特殊的要求,生物工程产业没有生物分离工程的配套就不可能实现工业化生产。没有生物分离工程的发展,就不可能有工业化生产的经济效益。

九、生物分离工程的发展趋势

生物技术产业是 21 世纪的支柱产业之一,生物工程技术是 21 世纪高新技术革命的核心内容,生物分离工程是生物工程技术的重要组成部分,在生物技术研究和产业发展中发挥着重要作用。生物科学的研究进展,为生物分离工程技术的发展打下坚实的理论基础,而生物工程技术实践又为生物科学研究成果转化为生产力提供了广阔的操作平台。生物技术要走向产业化,上下游过程必须兼容、协调,以使全过程能优化进行。与上游过程相比,下游处理过程是一个多步骤、高能耗、低效率的过程。由于历史的原因,生物技术发展初期,绝大多数的投资是在上游过程的开发,而下游处理过程的研究投入要比上游过程少得多,因而使得下游处理过程的研究明显落后,已成为生物技术整体优化的瓶颈,严重地制约了生物技术工业的发展。因此,当务之急是要充实和强化下游处理过程的研究,以期有更多的积累和突破,使下游处理过程,尽快达到和适应上游过程的技术水平和要求。

(一)新型、高效分离纯化技术的研究和开发

1. 新型分离介质的研究开发:分离介质的性能对提高分离效率起到关键的作用,介质的机械强度、对目标物的选择性是工艺设计时要考虑的重要因素。色谱分离技术已成为最有效和应用最广泛的分离技术,但是以凝胶和天然糖类为骨架的色谱分离介质,由于其强度较弱,难以实现工业化的大规模生产。因此,进行新型、高效的分离介质的研制是生物分离与纯化工艺改进的一个热点。

2. 分离技术的研究开发:如由溶剂萃取技术衍生出一大批生化分离技术(超临界 CO_2 萃取、反胶团萃取、液膜分离)。

(二)生物分离过程的高效集成化

生物分离过程的高效集成化技术的含义在于利用已有的和新近开发的生化分离技术,将下游过程中的有关单元进行有效组合(集成),或者把两种以上的分离技术合成为一种更有效的分离技术,达到提高产品收率、降低过程能耗和增加生产效益的目标。按上述定义,生物分离过程的高效集成化技术包括生化分离技术的集成化和生物分离过程的集成化两方面的内容,这种只需一种技术就达到完成后处理过程中几步或全部操作的方法,高度体现了过程集成化的优势。目前研究比较热门的是将双水相分配技术与亲和法结合而形成的效率更高、选择性更强的双水相亲和分配组合技术;将亲和色谱及膜分离结合的亲和膜分离技术;可以将离心的处理量、超滤的浓缩效能及层析的纯化能力合而为一的扩张床吸附技术等。

亲和膜分离技术是将亲和色谱与膜分离技术结合起来的一项新型分离技术。它把亲和配体结合在分离膜上,利用膜作基质,对其进行改性,在膜的内外表面活化并耦合上配基,再按吸附、清洗、洗脱、再生的步骤对生物产品进行分离,当目标蛋白质通过时,就留在膜上,杂质则通过膜而离去,再用解离洗脱剂洗下目标蛋白质,然后把解离剂从膜上除去,得以使配基再生,重复进行再分离目标蛋白。该技术颇有潜力,可以把澄清、浓缩和纯化步骤集于一体,也可与生物反应器相组合,构成反应和分离新流程。亲和膜分离技术不仅利用了生物分子的识别功能,可以分离低浓度的生物产品,而且由于膜的渗透通量大,能在纯化的同时实现浓缩,并有操作方便、设备简单、便于大规模生产的特点。目前亲和膜分离技术已用于单抗、多抗、胰蛋白酶抑制剂的分离以及抗原、抗体、重组蛋白、血清白蛋白、胰蛋白酶、胰凝乳

蛋白酶、干扰素等的纯化。亲和膜分离技术作为新的分离技术正在兴起和发展,相信在不久的将来它会成为生物大分子物质的分离和纯化的有力工具。

（三）下游工程与上游工程相结合

工艺过程更加灵活,不再将发酵过程和产物分离纯化过程截然分开。例如将发酵与提取相结合,在发酵罐中加入吸附树脂或利用具有半透膜的发酵罐,在发酵过程中就把产物分离出来。发酵—分离耦合过程的优点是可以解除终产物的反馈抑制效应,同时简化产物提取过程,缩短生产周期,收到一举数得的效果。

（四）工程问题的研究

生物分离工程的原料是液体,大型分离装置中的流变学特性、传质、传热规律,是确定各操作单元工艺参数的依据。对它们的研究有助于解决生物分离装置的设计与放大问题,高效率地实现生物分离纯化过程的产业化。

生物分离纯化过程工艺流程的设计必须注意节能、环保和可持续发展。

十、我国生物纯化技术的发展现状

多年来,我国生物技术的上游技术得到了长足的发展,积累了一大批的科研成果(如 α-干扰素、白细胞介素、乙肝疫苗、尿激酶原、单克隆抗体、人生长因子等),与世界先进水平相差不大,平均实验室水平只差 3～5 年。

下游技术也取得了可喜的进展。20 世纪 60 年代以前,我国生物制品的分离纯化基本上套用传统的化工单元操作。70 年代之后,随着生物技术的高速发展,新的后处理技术不断涌现:在原有基础上,发展了多级连续萃取、双水相萃取、超临界萃取等新技术;絮凝分离技术采用絮凝剂;膜分离新技术发展迅速,高强度、抗污染的各种膜不断出现,其中以超滤膜发展较快,可根据膜孔度将分子量大小不同的分子进行分离,推出了平板、板框、中空纤维和螺旋形等多种形式的成套超滤器;微滤膜也已开发出成套膜组件,以管式居多,成功地用于分离微小细胞、酒类、饮料、口服液的澄清过滤,生化产品的错流过滤及空气除菌净化等;反渗透装置也日益增多;粗分离技术中使用球磨、压力释放及冷冻加压释放等细胞破碎方法以分离胞内产物;盐析、溶剂萃取、离子交换色谱用于分离目的产物或使其浓缩富集;离子交换树脂用以纯化蛋白质及活性物质等等。针对生物制品的干燥技术如喷雾干燥、气流或流化床干燥、冷冻干燥等也取得了相当的发展。此外,离子交换树脂、凝胶过滤介质、新型琼脂糖系列介质等均已实现规模使用。

显然,近二十几年来,我国的生物分离纯化技术已经取得了令人鼓舞的发展,某些局部上也有了一定的突破。但长期以来,我国生物技术界存在着"上游靠自己,下游靠引进"的发展思想,对生物技术产品产业化所需的下游分离纯化技术和设备的研究开发重视不够,生物技术的支撑技术及产业培育、发展不够,投入也严重不足(国外上、下游投入的经费比为 3∶7,而我国则为 7∶3,很不合理),致使我国生化分离纯化技术相对落后,与国外相差 10～20 年。分离纯化的专用设备、介质、材料主要依赖进口,每年都要花费大量的外汇。在市场急需的情况下,甚至从上游到下游成套引进。"七五"以来,国家开始重视生物技术的下游工作,并取得了一些单项成果,但远未实现国产化、配套化。由于下游技术的发展跟不上上游的步伐,满足不了上游的需要,上下游发展不平衡、不配套,从而严重阻碍了产业化的进程。下游分离纯化技术已经成为生物技术的薄弱环节,形成产业化的瓶颈。存在的问题主要体现在：

①协调不够,研究分散,力量薄弱,总体水平较低。

②新型分离纯化技术的研究开发不够,如电泳分离新技术、亲和分离新技术的开发;多步分离操作的集成优化等。

③对生物技术支撑产业的扶持不够,经费投入少。没有建成技术过硬、产品质量稳定、能参与国际市场竞争、逐步代替进口的专项分离材料或设备的定点生产厂家。

因此,我们需要加大力量进一步发展我国的生物分离纯化技术与产业,特别是要投入于一些在产业化过程中问题较多、研究较活跃、应当引起我们高度重视的发展热点,如:层析柱和凝胶过滤柱的放大问题、基因工程表达的药物蛋白的分离纯化、大规模分离过程的自动控制、电泳分离和膜过滤等新技术新装备的研究开发、下游工程的集成优化技术等。此外,还需重视生化产品的技术经济分析,并针对资金、人员、研究基础等实际情况,采取"有限目标、重点突破,跟踪与创新并举"的方针,选择重点的分离设备和介质,集中优势,尽快取得突破,形成特色,形成产业,取代进口,实现国产化。

【合作讨论】

1. 生物分离的一般流程是怎样的? 分别包括哪些单元操作?

2. 在设计生物分离纯化过程前,必须考虑哪些问题方能确保我们所设计的工艺过程最为经济、可靠?

3. 生物分离过程有哪些特点?

4. 生物产品与普通化工产品分离过程有何不同?

5. 初步纯化与高度纯化分离效果有何不同?

6. 生物分离为何主张采用集成化技术?

7. 查阅资料,介绍流感疫苗生产的下游加工过程。

8. 查阅资料,介绍生物分离工程的发展趋势和前沿研究方向。

9. 查询常用生物产品价格:人胰岛素、干扰素、生长激素、紫杉醇、胶原蛋白、青霉素等,分析产物在原料中浓度与产品价格之间的关系。

10. 生物分离工程在生物技术产业中的地位怎样?

参考文献

[1]P. F. 史密斯-凯利著(褚启人译). 遗传的结构与功能. 上海:上海科技出版社,1982.

[2]陈永青,王文华编著. 微生物遗传学导论. 上海:复旦大学出版社,1990.

[3]程经有主编. 普通遗传学. 北京:高等教育出版社,2000.

[4]崔涛编著. 细菌遗传学. 合肥:中国科学技术出版社,1991.

[5]何蓓如,陈耀锋编著. 普通遗传学. 北京:世界图书出版公司,1996.

[6]贺竹梅编著. 现代遗传学教程. 广州:中山大学出版社,2002.

[7]季道藩主编. 遗传学(第二版). 北京:中国农业出版社,1986.

[8]李惟基主编. 新编遗传学教程. 北京:中国农业大学出版社,2002.

[9]刘祖洞,江绍慧编. 遗传学. 北京:人民教育出版社,1979.

[10]华北农业大学,中国科学院遗传研究所,广东农林学院,广东省植物研究所编. 植物遗传育种学. 北京:科学出版社,1976.

[11]盛祖嘉编著. 微生物遗传学. 北京:科学出版社,1981.

[12]孙乃恩,孙东旭,朱德煦编著. 分子遗传学. 南京:南京大学出版社,1991.

[13]宋运淳,余先觉主编. 普通遗传学. 武汉:武汉大学出版社,1989.

[14]毛盛贤,刘国瑞,冯新芹编. 遗传学基本原理及解题指导. 北京:北京师范大学出版社,1987.

[15]盛祖嘉,沈仁权编著. 分子遗传学. 上海:复旦大学出版社,1988.

[16]王亚馥,戴灼华主编. 遗传学. 北京:高等教育出版社,1999.

[17]杨业华主编. 普通遗传学(第二版). 北京:高等教育出版社,2006.

[18]赵寿元,乔守怡主编. 现代遗传学. 北京:高等教育出版社,2005.

[19]Brooker RJ. Genetics: Analysis and Principles. An imprint of addison wesley longman, inc. 1999.

[20]Chinnici JP & Matthes DJ. Genetics: Practice problems and solutions. Benjamin/Cummings Science 1998.

[21]Suzuki DT, Griffiths AJF, Miller JH, Lewontin RC. An introduction to gennetic analysis. third edition. 1986.

[22]Maxine Singer. Genes & Genomes: A changing perspective. Paul Berg, Univeersity science books, Blackwell scientific publication. 1991.

[23]Allis CD, Jenuwein T, Reinberg D, Caparros M(朱冰,孙方霖译). 表观遗传学. 北京:科学出版社,2009.

[24]孟德尔等著. 遗传学经典论文选集. 北京:科学出版社,1984.

[25]杨学仁,朱英国编著.遗传学发展史.武汉:武汉大学出版社,1995.

[26]罗鹏.遗传学的应用.北京:高等教育出版社,1996.

[27]陈蓉霞著.破译生命密码—诺贝尔奖和遗传学.北京:商务印书馆,2008.

[28]摩尔根著(卢惠霖译).基因论.北京:北京大学出版社,2007.

[29]薛京伦等编著.表观遗传学:原理技术与实践.上海:上海科学技术出版社,2006.

[30]本杰明.卢因编著.基因VIII.北京:科学出版社.2004.

[31]Robert F. Weaver 编著. Molecular Biology(第二版). 北京:科学出版社.2002.

[32]Sambrook and Ruussell 编著. Molecular Cloning(第三版).西安:世界图书出版公司.2002.

[33]Timothy M. Cox & John Sinclair 编著. Medicine Molecular Biology. 北京:科学出版社.2000.

[34]陈丙莺,陈子兴主编.分子生物学基础与临床.南京:东南大学出版社.2000.

[35]张洒蘅主编.医学分子生物学.北京:北京医科大学出版社,1999.

[36]朱玉贤主编.现代分子生物学(第二版).北京:高等教育出版社,2005.

[37]杨歧生编著.分子生物学基础.杭州:浙江大学出版社,1994.

[38]阎隆飞主编.分子生物学.北京:中国农业大学出版社,1993.

[39]陈启民等编著.分子生物学.天津:南开大学出版社,2001.

[40]特怀曼编著.高级分子生物学要义.北京:科学出版社,2001.

[41]Malacinski 著.分子生物学精要.北京:科学出版社,2002.

[42]赵亚华编著.基础分子生物学教程.北京:科学出版社,2003.

[43]T. A.布朗著(袁建刚等译).基因组 2.北京:科学出版社,2006.

[44]吴乃虎编.基因工程原理(第二版).北京:科学出版社,2001.

[45]刘次全等编.结构分子生物学.北京:高等教育出版社,1997.

[46]史济平编.分子生物学基础.北京:人民卫生出版社,2000.

[47]隋森芳编著.膜分子生物学.北京:高等教育出版社,2003.

[48]沃森编著.基因的分子生物学.北京:科学出版社,2005.

[49]沃森著.双螺旋—发现DNA结构的故事.北京:化学工业出版社,2009.

[50]程书钧等编著.话说基因,北京:清华大学出版社,2005.

[51]科恩伯格著(崔学军等译).《酶的情人,上海:上海科学技术出版社,2005.

[52]摩尔根著(卢惠霖译).基因论.北京:北京大学出版社,2007.

[53]王勇编著.分子生物学导论(双语版).北京:化学工业出版社,2008.

[54]丹尼斯等编著(林侠等译).人类基因组—我们的 DNA.北京:科学出版社,2003.

[55]克雷格.文特尔著(赵海军等译).解码生命.湖南科学技术出版社,2009.

[56]郭勇主编.酶工程原理与技术.高等教育出版社,2005.

[57]梅乐和,涔沛霖主编.现代酶工程.北京:化学工业出版社,2008.

[58]钦传光,李世杰,丁焰等.发酵工程在医药研究和生产中的应用[J].湖北工学院学报,2000,15(1)67—70.

[59]http://baike.baidu.comview33424.htm

[60]http://baike.baidu.comview25905.html? tp=0_11

[61]郝莉花.生物技术在食品工业中的应用[J].食品工程,2008(2):15—17.

[62]程文超,吕永智.发酵工程在饲料工业中的应用及发展趋势[J].牧草与饲料.2008(5):34—35.

[63]李志勇编著.细胞工程[M].北京:科学出版社,2003.

[64]李青旺主编.动物细胞工程与实践[M].北京:化学工业出版社,2005.

[65]杨吉成主编.细胞工程[M].北京:化学工业出版社,2008.

[66]疯伯森等编著.动物细胞工程原理与实践[M].北京:科学出版社,2001.

[67]朱至清编著.植物细胞工程[M].北京:化学工业出版社,2003.

[68]罗立新编著.细胞融合技术与应用[M].北京:化学工业出版社,2004.

[69]翟中和等主编.细胞生物学[M].北京:高等教育出版社,2007.

[70]罗伯特·兰扎等编,刘清华等译.精编干细胞生物学.北京:科学出版社,2009.

[71]田瑞华主编.生物分离工程.北京:科学出版社,2008.

[72]谭天伟编著.生物分离技术.北京:化学工业出版社,2007.

[73]刘铮,詹劲等译.生物分离过程科学.北京:清华大学出版社,2004.

[74]孙彦编著.生物分离工程.北京:化学工业出版社,2005.

[75]叶勤主编.现代生物技术原理及其应用.北京:中国轻工业出版社,2003.

[76]曹学君主编.现代生物分离工程.上海:华东理工大学出版社,2007.

[77]辛秀兰主编.生物分离与纯化技术.北京:科学出版社,2005.

[78]徐炎华,欧阳平凯,韦萍.我国生物分离纯化技术现状及发展方向.江苏化工,1996(24).

[79]梅乐和,姚善泾,林东强,朱自强.生物分离过程研究的新趋势——高效集成化.化学工程,1999(27).

[80]周加祥,刘铮.生物分离技术与过程研究进展.国内外新技术,2000(6).

[81]姚善泾.突破生物技术产业化瓶颈.中国化工报,2002-05-27.